Stuff to Do While You Poo
by Dr. Deuce

I0474452

Created by
Duke Jarboe

Published by Panda Publishing, LLC.
Created by Duke Jarboe
Cover design by Duke Jarboe
Illustrated by Duke Jarboe

First Edition: December 2020
ISBN: 978-0-578-82094-1

Enjoy this collection of Word Searches, Sudoku and Mazes.

Sudoku answers are in the back.

If you enjoy this book, please consider Dr. Deuce's other excellent books:

101 Poo Poems by Dr. Deuce

A Bathroom Guestbook by Dr. Deuce

Available on Amazon and dukejarboe.com

Word Searches

Word Search One

```
L  U  V  F  U  M  S  C  C  T  Y  D  E  U  C  E  F  T
Z  T  K  Q  C  G  E  E  N  R  E  Z  K  N  D  R  Y  K
X  O  X  W  D  Q  W  M  H  J  A  Q  Y  H  I  T  S  K
K  I  R  S  I  B  A  S  U  R  K  P  A  O  A  X  P  P
S  L  B  P  E  E  G  T  P  Z  F  P  P  C  R  W  O  G
G  E  J  I  K  P  E  D  U  M  P  M  H  C  R  U  O  D
F  T  A  L  P  I  F  W  Z  W  D  H  B  I  H  T  P  W
Q  K  W  V  T  L  E  L  A  O  V  H  T  X  E  E  L  B
U  Z  M  E  O  E  C  R  D  Q  J  R  Z  W  A  L  V  O
H  W  A  G  V  Y  A  L  U  J  E  P  O  J  E  B  P  S
Y  I  X  S  K  A  L  C  P  W  O  W  Q  V  Q  A  N  U
G  C  I  S  E  D  A  A  P  N  L  Y  Q  E  D  M  V  I
```

Find the following words in the puzzle.
Words are hidden → ↓ and ↘ .

DIARRHEA	DEUCE	DUMP
TOILET	POOP	PEE
SEWAGE	CRAP	
FECAL	PILE	

Word Search Two

I	D	R	D	V	R	B	B	Q	C	U	G	I	H	O	B	Y	G
N	A	V	D	O	F	V	U	T	A	Z	R	P	H	F	P	S	Z
N	Z	N	H	L	G	F	T	M	Q	B	A	W	H	O	W	E	P
I	N	T	Q	G	V	X	T	L	P	G	R	F	E	U	W	P	J
P	U	C	K	E	R	S	H	G	S	F	A	T	G	L	N	T	H
F	Y	B	P	U	U	U	O	H	B	A	N	Z	A	D	G	I	C
L	Z	V	R	D	W	K	L	H	M	R	K	W	I	M	B	C	W
O	Z	O	Z	O	B	Q	E	B	J	T	I	H	Q	I	T	B	M
W	Y	J	B	A	W	Q	A	S	T	I	N	K	G	O	F	Z	G
E	O	F	P	D	Q	N	Z	Q	P	R	U	Y	A	A	E	K	I
R	N	R	F	V	A	P	I	N	P	Q	C	I	M	M	S	V	R
R	L	X	T	N	W	C	Q	J	H	A	Q	P	F	V	Z	N	V

Find the following words in the puzzle.
Words are hidden → ↓ and ↘ .

BUTTHOLE	STINK	RANK
SEPTIC	BROWN	GAS
FLOWER	FART	
PUCKER	FOUL	

Word Search Three

```
W  V  S  K  P  D  T  I  M  J  Y  O  W  D  Z  Q  O  I
S  O  P  F  R  M  P  N  N  U  W  L  P  T  G  Q  V  V
Y  K  Y  B  X  N  P  F  S  I  S  H  O  W  E  R  E  U
P  Q  M  K  N  X  V  V  D  T  C  Z  O  Y  C  Z  N  Z
C  E  E  G  O  L  D  E  N  U  A  P  J  R  J  S  R  L
E  P  E  S  H  O  O  T  O  D  T  I  Y  U  F  X  P  B
U  X  Z  O  N  Z  E  F  W  B  P  C  N  W  N  R  J  I
X  L  Q  R  Q  G  O  S  B  G  M  P  H  L  P  S  C  R
N  K  K  W  L  O  K  T  S  B  Y  R  Q  E  B  K  X  X
I  S  E  V  J  I  T  Z  Q  C  H  O  O  T  B  R  O  Y
G  S  O  U  R  Y  D  Z  W  P  Z  Z  V  F  T  K  D  V
K  V  V  M  E  I  H  H  P  J  P  T  L  B  Z  J  G  R
```

Find the following words in the puzzle.
Words are hidden → ↓ and ↘ .

SHOWER   DUTCH   PEE
GOLDEN   SOUR   POO
STAIN   HOOT
SHOOT   OVEN

Name: _____

Word Search Four

```
Z  C  F  S  T  O  N  S  H  T  S  C  L  X  M  G  K  U
X  M  E  D  R  Z  L  C  H  M  A  N  U  R  E  O  G  W
S  F  X  J  Y  I  P  S  N  Z  O  G  M  U  D  O  S  O
P  P  C  D  A  S  P  I  R  C  D  U  U  C  J  E  I  A
L  U  R  X  O  T  H  Z  L  B  M  A  L  O  N  Y  N  Y
A  C  E  A  H  O  M  B  L  E  T  N  W  G  Z  D  K  B
S  A  T  Y  J  O  L  X  V  V  Y  O  E  A  N  K  G  G
H  G  E  X  H  L  D  Z  Q  P  B  S  D  V  S  X  V  E
S  C  G  E  G  Z  E  C  H  A  H  B  U  U  M  T  J  H
M  D  N  K  J  Q  T  S  Q  L  N  C  N  Q  N  G  E  P
L  W  P  B  O  Q  N  X  R  Y  Z  K  F  J  A  G  D  G
X  T  M  W  L  H  I  Q  B  K  Y  P  I  X  Q  Z  C  H
```

Find the following words in the puzzle.
Words are hidden → ↓ and ↘ .

EXCRETE   WASTE   SINK
MANURE   GUANO   PILE
SPLASH   GOOEY
STOOL   DUNG

Word Search Five

```
N  S  J  L  I  J  A  I  K  A  X  T  O  Z  J  X  W  F
V  R  Z  V  S  H  B  D  H  S  Y  E  T  X  H  J  H  P
Y  O  U  L  A  L  R  Y  O  K  O  G  W  A  H  L  Q  Y
F  X  Y  O  N  Y  I  E  W  T  D  Z  J  I  F  E  T  S
C  S  U  W  D  Q  T  U  I  U  S  X  Z  X  A  O  U  N
I  V  W  A  S  A  T  K  G  Q  P  D  W  S  R  P  U  I
N  O  O  D  L  E  L  W  X  R  L  G  K  I  T  A  P  P
Z  D  R  Q  V  K  E  G  Q  P  A  M  E  F  H  R  L  E
C  O  R  N  D  R  B  A  Z  S  G  U  G  X  R  D  I  M
Z  Q  J  F  D  N  K  F  C  J  U  O  D  O  E  Y  E  U
A  A  V  L  Z  C  L  A  Y  K  E  B  E  E  T  L  E  S
J  P  W  B  R  U  Y  J  L  O  S  T  D  G  I  U  S  T
```

Find the following words in the puzzle.
Words are hidden → ↓ and ↘ .

BRITTLE	PLAGUE	FART
LEOPARD	SNIPE	CORN
NOODLE	SAND	
BEETLE	CLAY	

Name: _____

Word Search Six

D	A	R	B	D	J	V	Q	I	L	X	B	H	Z	C	K	B	M
T	F	O	X	H	O	L	E	L	X	N	Y	A	C	L	X	K	V
B	H	T	J	G	K	C	A	D	I	S	Q	G	C	I	X	S	A
S	E	R	F	W	F	H	O	V	D	H	N	H	O	N	M	P	N
P	T	E	F	D	L	U	J	O	H	O	B	A	T	G	P	L	U
I	D	N	N	W	N	I	U	E	W	V	I	D	C	G	D	E	S
T	O	C	M	Z	V	T	R	N	F	E	S	Z	O	D	X	E	C
V	A	H	C	C	B	H	U	O	W	L	P	Q	R	G	E	N	V
G	Q	V	K	P	H	O	L	E	O	Y	A	K	G	Y	X	J	L
B	G	L	C	L	Y	C	O	O	W	C	D	F	D	B	B	S	Q
B	B	L	A	D	D	E	R	Q	R	C	E	O	R	K	O	S	E
J	H	L	J	X	D	H	X	Z	Q	Z	Y	Q	X	G	T	V	T

Find the following words in the puzzle.
Words are hidden → ↓ and ↘ .

BLADDER	SPLEEN	ANUS
FOXHOLE	SPADE	SPIT
SHOVEL	CLING	
TRENCH	HOLE	

Word Search Seven

```
B  G  H  D  E  L  K  G  N  N  C  C  A  F  X  N  T  J
E  Z  P  S  E  Z  V  D  A  Z  Z  L  E  N  F  U  Z  R
W  G  D  V  S  O  S  N  Q  V  M  G  J  O  E  Q  N  V
H  H  R  E  Y  P  B  P  C  R  A  Z  Z  L  E  P  D  Y
U  P  D  P  S  X  R  Z  I  N  L  O  N  D  J  S  P  G
L  A  Y  T  I  X  R  I  D  T  G  A  S  M  O  P  C  I
Y  U  O  S  Z  J  U  T  N  S  E  A  Z  P  G  I  V  Q
X  W  P  P  Z  D  C  C  K  T  W  F  M  Y  R  R  A  U
F  Q  S  R  L  H  Q  R  O  D  Y  L  M  D  F  I  A  S
Y  K  Z  E  E  C  Q  C  Q  H  O  Z  Q  W  L  T  T  U
R  P  L  E  E  Z  Y  M  Y  K  T  M  X  Y  S  P  I  E
K  N  R  D  W  N  S  L  A  C  K  B  O  V  F  N  V  P
```

Find the following words in the puzzle.
Words are hidden → ↓ and ↘ .

SPIRIT   RAZZLE   SPREE
SPRITE   DAZZLE   LAZY
SPRINT   SLACK
SIZZLE   SPITE

Word Search Eight

M	A	W	P	O	O	P	N	V	O	T	H	J	E	S	I	H	P
R	R	U	W	T	M	N	G	B	S	R	C	C	G	P	V	D	H
G	A	P	L	I	G	H	T	T	C	U	L	A	V	O	O	U	P
F	P	X	Y	E	E	T	W	N	H	C	L	D	S	O	Z	E	P
I	O	A	X	D	J	N	C	X	C	K	H	N	D	N	J	V	N
R	X	R	S	J	P	Y	V	I	W	Q	G	Z	T	E	U	J	C
S	I	P	K	T	I	U	Y	J	S	T	U	M	P	H	J	J	M
O	X	D	S	W	A	T	K	H	Y	B	V	C	K	N	K	B	G
R	I	B	M	H	M	N	K	B	N	F	M	R	B	W	Z	X	M
O	Q	M	W	W	H	V	E	V	E	G	G	I	E	Y	Z	J	F
Z	M	L	B	I	X	J	P	H	N	G	B	O	K	W	J	K	K
J	F	A	C	J	F	T	N	L	H	U	N	G	U	Y	H	C	O

Find the following words in the puzzle.
Words are hidden → ↓ and ↘ .

PLIGHT	STUMP	FORK
VEGGIE	TRUCK	YEET
SPOON	POOP	
PASTA	HUNG	

Word Search Nine

```
V  H  H  S  F  O  Z  H  Y  U  J  K  K  M  N  H  W  Y
C  T  C  A  E  F  I  S  L  R  Q  Q  V  B  R  O  R  O
G  K  R  L  T  P  E  L  F  U  M  Q  T  R  D  S  T  I
H  S  A  W  T  E  T  A  G  E  B  R  A  V  E  U  O  W
P  P  V  N  A  B  X  I  R  T  T  U  Q  U  C  C  Q  F
O  L  E  X  G  Q  C  E  C  R  M  R  B  W  O  J  U  Z
G  U  N  Y  C  E  Z  B  L  O  V  E  S  H  M  G  W  C
Z  R  Z  T  P  P  R  G  L  P  K  T  P  Y  G  U  O  S
B  G  Q  R  M  O  N  V  N  O  S  R  R  A  O  D  T  W
V  E  P  V  N  I  L  Y  I  S  Q  Z  E  J  O  U  Q  S
Q  W  V  L  J  F  W  L  W  B  Y  R  E  G  P  N  Z  D
F  R  Q  R  Q  W  E  Q  E  F  C  T  D  E  B  P  U  L
```

Find the following words in the puzzle.
Words are hidden → ↓ and ↘ .

SPLURGE   ANGER   HATE
SEPTIC   SPREE   GOOP
CRAVEN   FEAR
BRAVE   LOVE

Word Search Ten

```
G  T  F  H  Y  B  H  I  I  A  Y  S  B  O  B  M  A  N
A  I  A  R  E  W  X  D  P  G  G  J  T  R  I  A  R  P
B  Q  L  U  A  S  X  U  C  U  N  I  O  C  D  A  P  U
Y  S  O  I  R  T  F  Q  N  E  K  H  H  S  X  Z  A  L
T  O  R  N  J  X  N  W  I  R  D  E  N  U  X  V  R  L
V  L  O  U  W  B  P  O  I  S  O  N  Z  I  R  U  O  S
K  I  Z  K  H  J  R  J  L  K  A  A  D  P  G  D  K  L
L  V  O  M  I  T  X  Y  W  I  R  D  B  N  L  U  L  L
C  Y  C  V  R  Z  M  K  Y  L  R  N  P  I  V  T  T  E
S  X  V  X  W  S  I  P  D  L  R  N  L  V  L  F  H  S
C  W  F  Q  R  H  I  V  R  O  Z  Q  S  D  V  E  E  O
S  E  A  B  O  V  K  S  B  U  G  G  W  E  M  W  J
```

Find the following words in the puzzle.
Words are hidden → ↓ and ↘ .

HURDLE	PULL	YEAR
POISON	BILE	KILL
VOMIT	GUTS	
PUKE	RUIN	

Word Search Eleven

```
S  N  S  D  K  D  L  Z  X  Z  K  T  Q  U  Q  X  P  Z
B  O  P  P  V  O  E  G  L  E  O  A  L  S  D  W  P  Y
B  K  W  A  I  R  W  A  X  I  F  N  M  B  O  E  N  S
L  H  S  O  W  L  D  E  T  U  D  K  V  H  W  X  L  J
P  K  E  F  D  I  L  S  Q  H  F  A  K  N  N  U  S  U
Q  I  I  T  Y  R  C  W  V  T  X  R  U  Z  A  Q  P  F
W  T  O  F  H  C  K  F  A  V  I  D  R  C  A  O  I  H
P  O  V  I  I  N  H  O  L  T  W  S  Q  Z  L  T  Z  Z
E  I  E  R  L  X  J  U  B  H  C  H  E  D  Y  K  C  X
M  L  N  E  L  E  L  M  L  E  F  H  P  C  Y  H  A  S
T  E  W  S  S  E  B  A  C  W  A  Z  Y  H  C  I  M  V
V  O  L  C  L  I  M  B  S  A  X  K  H  T  D  G  L  T
```

Find the following words in the puzzle.
Words are hidden → ↓ and ↘ .

TANKARD   SPILL   DOWN
CLIMBS   HILLS   OIL
WATCH   OVEN
DEATH   FIRE

Word Search Twelve

```
D  K  M  I  P  V  D  B  M  J  M  T  B  N  A  P  X  P
S  I  R  D  K  U  C  U  V  V  G  O  W  R  G  J  E  F
W  X  P  A  I  L  H  M  T  I  Q  G  S  J  C  G  N  G
P  Z  P  Z  M  W  R  P  E  I  R  Q  V  N  P  N  Y  F
A  Z  S  I  S  Z  M  T  M  S  R  S  A  Z  A  M  T  Q
L  C  E  G  C  K  D  P  T  C  Q  V  Q  E  I  R  R  W
E  G  I  M  P  K  U  Q  U  P  U  M  P  V  N  E  E  Y
E  D  K  V  K  B  L  Q  I  T  L  W  D  J  F  E  N  P
F  H  D  E  E  H  N  E  O  P  L  A  I  N  R  G  P  O
X  Y  W  O  R  S  V  V  K  X  O  O  B  O  D  U  D  Y
P  U  N  K  A  P  U  T  R  I  D  S  A  Y  S  Q  S  S
Y  U  B  Y  W  S  J  O  M  E  M  O  U  Q  N  J  C  X
```

Find the following words in the puzzle.
Words are hidden → ↓ and ↘ .

PICKLE   PAIL   BUMP
PUTRID   PAIN   GIMP
PLAIN   PUNK
PALE   PUMP

Name: _____

Word Search Thirteen

```
J  G  T  Y  R  Y  K  Y  W  R  I  Y  U  V  C  O  W  T
A  A  R  H  D  D  Q  G  V  M  Q  U  V  O  V  J  S  F
S  I  F  G  C  I  Q  E  B  C  T  M  I  J  W  N  J  V
M  M  G  A  Z  M  S  Q  A  X  L  P  R  C  C  G  L  H
I  O  O  N  R  Y  D  A  J  X  U  I  A  L  I  E  N  K
N  O  M  H  G  M  K  J  S  K  N  R  Z  O  B  T  E  F
E  N  Q  A  T  R  C  F  I  T  Q  E  F  V  K  P  M  R
U  K  S  A  R  J  U  P  I  T  E  R  X  H  I  I  P  Z
S  E  A  M  H  S  H  E  B  C  O  R  L  I  F  K  I  S
O  P  G  M  W  M  R  W  V  U  P  Y  G  L  H  F  R  B
Q  R  R  W  P  Q  W  W  E  M  I  K  Y  L  H  E  N
M  V  U  H  J  B  V  P  V  H  U  M  A  N  Z  N  N  Z
```

Find the following words in the puzzle.
Words are hidden → ↓ and ↘ .

DISASTER   EMPIRE   MARS
JUPITER   HUMAN   MOON
JASMINE   ALIEN
UMPIRE   JAFAR

Word Search Fourteen

```
O  N  E  M  O  H  I  C  S  T  M  S  Y  V  J  C  O  C
W  M  T  V  Q  E  A  Q  K  L  W  I  P  U  D  U  J  Y
U  E  O  V  M  H  O  Z  S  A  X  X  T  I  M  U  P  W
T  R  A  T  Q  G  R  E  R  M  T  A  M  D  K  C  Y  I
A  R  S  T  Y  I  K  E  S  P  L  B  Y  A  J  E  Y  L
W  B  E  U  H  A  S  H  V  S  P  L  D  N  S  Y  S  D
E  T  Q  E  A  E  B  J  F  F  I  J  O  C  W  O  Z  K
R  I  E  Y  W  V  R  L  O  R  H  X  O  H  V  B  P  Y
A  D  F  F  H  G  L  O  O  M  P  Y  M  O  I  N  Z  I
G  V  U  O  E  D  X  C  X  G  B  K  P  R  O  P  M  W
K  O  M  N  N  Z  Y  T  W  W  L  G  L  E  S  M  T  A
E  C  I  E  H  Y  T  H  T  J  A  I  E  D  T  F  L  F
```

Find the following words in the puzzle.
Words are hidden → ↓ and ↘ .

WEATHER	GLOOM	HYPE
ANCHOR	DOOM	WHEN
SPIKES	TREE	
YIKES	LAMP	

Word Search Fifteen

```
N  N  X  O  P  P  D  N  I  N  E  S  Y  S  A  T  E  T
W  Y  C  X  K  N  F  M  O  Y  G  C  J  O  S  A  B  H
M  T  H  R  E  E  S  T  F  O  U  R  Y  C  F  W  Q  Q
L  U  K  C  N  R  E  K  M  Z  R  T  C  X  X  V  T  L
X  Y  Y  I  P  X  T  E  Z  D  S  L  K  P  I  S  H  K
P  F  I  G  L  Q  E  F  I  N  Z  R  A  K  V  E  I  M
F  A  U  U  Z  W  N  Z  P  G  E  B  Z  U  Q  A  L  X
C  I  O  N  E  Y  T  O  Y  Z  H  S  E  V  E  N  A  N
Y  T  V  F  M  Z  H  H  S  C  W  T  C  O  N  K  X  Q
H  E  W  E  C  G  Q  O  W  G  C  T  D  L  U  H  A  V
X  F  Z  O  V  Z  R  P  R  L  A  A  N  V  F  V  V  W
D  T  K  H  X  H  R  E  E  K  G  U  A  Y  X  Y  K  J
```

Find the following words in the puzzle.
Words are hidden → ↓ and ↘ .

SEVEN	FOUR	TWO
THREE	FIVE	SIX
EIGHT	NINE	
TENTH	ONE	

Name: _____

Word Search Sixteen

```
P  D  J  T  V  F  B  M  T  J  P  C  S  Y  K  L  N  Y
R  U  F  B  H  J  Y  O  C  B  A  S  D  Z  W  I  C  X
I  K  Q  L  N  M  G  Q  T  X  X  Z  S  G  D  T  N  V
N  E  M  L  C  C  E  T  M  T  Y  B  F  T  O  F  G  G
C  T  D  F  B  F  O  P  G  L  L  F  V  R  L  Z  V  Z
E  S  I  J  T  E  R  B  B  D  O  E  Y  V  P  X  L  L
I  A  E  C  R  P  Z  E  V  C  Y  R  Q  W  H  O  W  R
M  N  G  A  H  C  J  J  H  U  M  K  D  M  I  F  I  J
I  F  O  P  N  N  R  R  Q  I  F  I  R  E  N  J  J  A
J  B  L  H  C  Q  G  W  P  J  Q  W  Z  H  Q  O  B  X
F  F  I  V  L  E  C  B  T  Q  R  W  H  A  L  E  X  R
O  I  Y  Q  S  Q  J  E  K  L  W  L  G  B  X  Y  T  V
```

Find the following words in the puzzle.
Words are hidden → ↓ and ↘ .

DOLPHIN   DIEGO   FIRE
PRINCE   LORD   CAP
BOTTLE   KING
WHALE   DUKE

Word Search Seventeen

```
T  O  X  U  A  N  D  R  O  I  D  A  K  Z  P  N  Q  J
P  I  Z  O  D  V  G  C  Y  D  C  U  S  B  R  I  S  Z
O  F  K  R  A  Q  N  O  T  T  F  S  L  C  H  O  F  G
K  T  V  E  V  I  M  T  L  N  J  E  W  K  H  L  V  Q
X  S  Y  K  I  H  R  B  V  I  E  R  Q  A  Z  S  K  O
W  J  H  J  D  T  A  Q  Z  T  A  S  Y  U  V  Z  E  Q
V  S  W  V  O  R  J  T  T  F  Q  T  D  Y  A  D  P  C
B  J  Q  Q  O  B  G  N  E  U  H  K  H  F  A  K  L  K
F  E  B  A  D  I  S  D  O  S  R  T  X  P  J  Z  E  K
S  J  I  F  T  F  S  Q  S  I  H  I  K  E  H  J  R  E
A  C  Z  B  X  S  T  E  V  E  Q  K  N  Z  P  L  A  Q
S  U  C  Q  X  R  Z  H  U  Y  D  P  C  U  P  I  D  B
```

Find the following words in the puzzle.
Words are hidden → ↓ and ↘ .

ANDROID   DAVID   USERS
GOLIATH   TURIN   JOBS
KEPLER   STEVE
CUPID   HATES

Name: _____

Word Search Eighteen

```
V  C  D  I  K  A  O  B  M  L  G  V  F  W  Q  D  C  S
J  R  H  R  M  Q  U  J  I  V  E  V  K  Q  A  C  L  N
P  S  Y  Y  L  I  Z  P  S  D  J  V  U  R  L  L  K  Z
R  K  T  F  O  I  L  Y  M  O  G  A  E  I  O  Y  E  U
C  S  I  I  F  U  O  E  H  T  D  A  F  R  N  R  Y  U
Q  L  H  L  Y  I  B  A  S  I  D  N  V  T  E  U  Q  R
U  D  W  N  L  D  P  R  U  N  N  I  N  G  E  K  P  V
Y  W  S  B  E  E  T  L  E  S  I  V  Z  P  A  R  H  U
W  S  G  Q  J  G  D  D  M  X  C  T  W  E  L  V  E  K
F  K  B  D  S  V  D  N  U  B  W  N  H  I  C  E  J  L
P  Q  P  H  N  V  Q  X  U  N  Y  K  M  H  A  V  E  B
X  B  J  T  U  F  X  P  F  L  Z  W  K  K  B  L  J  V
```

Find the following words in the puzzle.
Words are hidden → ↓ and ↘ .

RUNNING	AFTER	EVER
BEETLES	MILES	YOU
KILLED	ALONE	
TWELVE	HAVE	

Word Search Nineteen

```
W  V  V  B  O  N  C  E  T  G  F  C  S  H  N  U  Y  L
Q  L  O  R  Z  X  I  H  M  W  L  P  W  G  H  C  F  H
T  B  T  S  P  E  S  P  L  E  W  E  L  H  M  D  N  Y
M  V  H  I  U  D  X  C  X  A  G  O  N  E  V  E  R  J
B  Q  E  J  Y  P  G  H  L  B  W  P  T  X  X  K  X  B
I  W  Y  T  L  X  N  O  C  E  V  L  K  W  W  U  O  O
K  I  Y  E  L  Z  V  W  G  K  V  E  Z  N  M  B  M  A
N  N  P  D  T  H  I  G  R  W  E  E  X  Q  O  U  L  W
R  Q  N  O  L  K  R  H  G  D  Z  I  R  J  U  W  O  K
R  O  R  E  S  I  G  N  L  P  D  U  T  C  E  S  S  E
K  Y  A  T  R  L  I  K  Z  A  C  M  U  T  C  E  E  R
Q  C  E  N  H  Q  P  V  C  A  J  Z  P  Z  F  N  R  E
```

Find the following words in the puzzle.
Words are hidden → ↓ and ↘ .

CLEVER	NEVER	HOW
PEOPLE	ONCE	WIN
RESIGN	THEY	
PEOPLE	KNOW	

Word Search Twenty

```
K  E  T  H  E  I  R  D  Y  I  V  R  F  H  Y  L  K  K
F  I  Y  E  P  L  A  Y  I  N  G  L  Q  F  M  S  I  H
R  W  Z  P  R  D  T  N  B  Y  Y  N  W  I  O  P  O  D
D  Z  I  P  M  K  G  N  U  K  D  W  F  I  X  M  Z  R
S  H  U  T  T  Z  R  O  T  B  S  C  O  N  X  E  B  M
M  D  A  E  H  H  O  B  T  U  H  O  O  J  Y  X  H  N
T  B  E  I  Q  O  S  O  U  D  E  J  D  U  Q  U  Z  H
M  V  V  V  U  L  S  D  Y  T  A  B  B  W  S  D  U  K
G  D  E  Q  G  E  X  Y  N  T  T  S  O  R  F  I  N  X
I  I  R  E  H  B  G  Q  L  T  L  K  K  X  U  N  N  V
C  K  Q  M  K  U  W  Z  X  L  I  K  E  S  Z  V  W  S
Y  C  R  E  G  B  E  W  D  I  J  D  L  U  V  L  U  C
```

Find the following words in the puzzle.
Words are hidden → ↓ and ↘ .

COUSINS   THEIR   BUTT
PLAYING   GROSS   HOLE
NOBODY   EVER
LIKES   WITH

Sudoku

Sudoku #001 (Easy)

	8		7		1		2	3
	1	5		2	9			
				8	6			
	4	7					8	1
		2				3		
8	3					5	9	
			9	4				
			8	6		4	5	
4	9		5		3		6	

Sudoku #002 (Easy)

						8		
	7				1			2
4	2	9			7	3		
	4				9	2		3
	9		6		4		5	
7		1	3				4	
		2	5			9	3	7
3			7				2	
		7						

Sudoku #003 (Easy)

				9	4			
5	9							
		8	1	7		3	9	
		5	4			7		
1	6						4	3
		4			1	8		
	5	6		4	9	2		
							7	9
			8	6				

Sudoku #004 (Easy)

								1
		6				9	5	
	3		1	9	8		4	
8		3			4		6	
			3		9			
	4		7			3		5
	2		4	5	6		8	
	1	8				6		
9								

Sudoku #005 (Easy)

3	1				5	6	4	
			8					
	5	9	6			2		
1			4					
		3	1	6	7	5		
					2			4
		7			6	4	5	
					4			
	9	4	2				8	7

Sudoku #006 (Easy)

						5	7	
	8			2				1
			6			9	2	8
	3	4	2	5				9
				7				
9				6	8	7	3	
8	7	1			6			
2				1			4	
	6	3						

Sudoku #007 (Easy)

					6	8	4	
		3	2			9		
7				9			3	
	3	9		2		5		
	1						7	
		4		8		2	9	
	4			6				8
		6			7	1		
	5	8	9					

Sudoku #008 (Easy)

	6			2		9		3
					9		2	
1			5					7
		2			4			8
	3		1		5		6	
8			6			1		
5					7			4
	4		9					
7		6		1			9	

Sudoku #009 (Easy)

7	2		8			6		
	6			5	9			
3	5			7			1	
	9	3		6	7			
			9	2		7	3	
	8			3			9	2
		4	9				8	
		5			2		7	6

Sudoku #010 (Easy)

						1	8	
				1		5		
		3	7	8			2	4
9		7			2	4		
4	3						9	8
		2	8			7		5
8	5			3	7	6		
		1		4				
	7	9						

Sudoku #011 (Easy)

4								
6		8		2	5			7
			3	4			6	
	6			7			4	
		3	4		6	1		
	9			8			2	
	8			9	4			
7			5	1		6		9
								4

Sudoku #012 (Easy)

	8				7	6	1	3
					3			
		7	6	5				
2		3		1		9	8	
	5	6		8		7		2
				3	5	4		
			9					
5	2	4	8				3	

Sudoku #013 (Easy)

6				7	4			
		7	3				1	
1				6	9	7		
							6	2
8		3				5		7
5	2							
	9	5	4					1
	1			3	2			
			5	8				9

Sudoku #014 (Easy)

		7			8		1	
3	8				2		4	9
				4				3
						3		2
8	7						6	4
2		5						
1				8				
7	2		4				9	1
	6		5			4		

Sudoku #015 (Easy)

	8		2					
	6	4	9					
2		7					5	9
	7	2	6				1	
	3			4			6	
	9				3	7	4	
9	5					6		3
					6	5	7	
					8		9	

Sudoku #016 (Easy)

8			6	9				
5	2							
9		1	3		8	4		
	1		2		7			
		4				3		
			9		3		4	
		8	1		9	2		5
							8	7
				3	2			4

Sudoku #017 (Easy)

	6		7				3	2
	3					5		
7		4	6				8	
		3	5	8				
2			9		3			4
				4	7	3		
	4				9	8		6
		8					1	
3	9				1		4	

Sudoku #018 (Easy)

1		6	4					
2	4				8		3	1
		3			1			5
7		2	5	8				3
3				7	4	5		8
6			8			3		
4	1		3				8	2
					2	6		7

Sudoku #019 (Easy)

6				8				1
4			6	1	3		5	
			4				2	
	6			7		8		
	8		9		1		7	
		2		3			1	
	4				7			
	1		8	2	9			7
2				4				5

Sudoku #020 (Easy)

				1	8	9	7	
1							5	
		3	5			4		
	6	7	2			8	3	
8								4
	1	5			3	6	2	
		6			5	1		
	5							7
	9	1	8	7				

Sudoku #021 (Medium)

3					9		4	1
		7	4			2	5	
				7				9
		1		9				
5	7						2	6
			6			8		
2				5				
	3	5			8	9		
6	9		2					4

Sudoku #022 (Medium)

				3			2	
8		7				9		
		3	7		2		4	
5			4			1		
			3	8	5			
		8			7			9
	9		1		8	6		
		1				4		2
	5			2				

Sudoku #023 (Medium)

		3			5			4
	1	5					2	
			9			6		
	3		8			7		
	8	2				6	9	
		4			3		8	
	6			2				
	4					9	7	
8			1			2		

Sudoku #024 (Medium)

					3			
6		2					3	7
		7		2			5	1
		6			8		1	
5								8
	1		7			4		
8	4			3		9		
2	6					5		3
			4					

Sudoku #025 (Medium)

9								4
	6		4				9	
4		8				6		2
	2	6	1					
			8	7	5			
					4	8	3	
2		1				4		3
	3				7		1	
6								7

Sudoku #026 (Medium)

			6		2	8		
		1			3	6	2	
	7			4				
					5	2		
	4		8		9		6	
		7	2					
			9				8	
	1	6	5			4		
		4	1		6			

Sudoku #027 (Medium)

	5			3				
7		8	5			4	2	
	6		7					
					8	9		
		5	1		3	6		
		7	4					
					7		9	
	3	2			6	5		1
				2			6	

Sudoku #028 (Medium)

	9	1		2		5		
								4
	2		4			6		7
				9				1
1			3	7	8			2
3			6					
8		4			2		1	
9								
		7		4		8	3	

Sudoku #029 (Medium)

2				3		4		
					6			
				8	4	3	9	
9		8				7	3	
1								6
	3	4				1		8
	1	9	8	5				
			6					
		5		7				3

Sudoku #030 (Medium)

1	6					4		
8	3		5		9		2	
			4					
6	8			4			9	
3								7
	9			7			4	3
					3			
	2		9		7		1	6
		3					5	2

Sudoku #031 (Medium)

		2			5	1		3
								6
				1			4	5
	6		7	4				
	3	8		6		9	5	
				3	8		6	
1	5		2					
8								
2		4	9			5		

Sudoku #032 (Medium)

							3	
	9	6		2			1	
			7	9	8			
5			9	1		4		
	1		3		7		2	
		3		5	2			1
		7	8	9				
	2			3		5	9	
	5							

Sudoku #033 (Medium)

6	1			5				
		5	3		4			
3	7			1	9			
5		1					6	
	3						8	
	6					5		4
			6	7			2	1
			8		3	4		
				9			5	8

Sudoku #034 (Medium)

	7		6	4		9		
	2			5		7		
4	9		1					
5						8		
	3		2		1		7	
		7						1
					3		8	6
		1		6			2	
		4		2	9		5	

Sudoku #035 (Medium)

3	9							
		4		6	5		8	
8		6	3					
2	6							
5			2	3	9			8
							5	9
					6	5		4
	7		5	8		1		
							6	7

Sudoku #036 (Medium)

4			2			5		
2				3	7		6	
	6	8			5			
7					4		8	
		4				9		
	2		6					4
			5			3	7	
	8		1	4				5
		5			6			8

Sudoku #037 (Medium)

2			4		5		7	
	5	3		7	1			
		9	3					
	4			9		8		
8			7		6			4
		1		8			9	
					2	4		
			8	1		6	2	
	2		6		7			3

Sudoku #038 (Medium)

6		8		5			7	2
			8			6	3	5
2						9		
	6	7		1		5	4	
		4						3
9	8	2			3			
7	3			9		8		1

Sudoku #039 (Medium)

					9		3	4
6		9				5	1	
	2							
7	4			2		9		
		2	8	9	5	4		
		8		7			6	2
							9	
	1	5				7		6
8	9		1					

Sudoku #040 (Medium)

7	4		3					2
1		3			4	7	5	
		2						
			9	1		2		
		6		5		4		
		8		3	6			
						9		
	2	4	8			3		7
5					3		2	8

Sudoku #041 (Hard)

				1		2	8	
	1	2						3
5	6							4
			8	2				
	9		1		5		4	
			7	6				
8							1	5
3						8	2	
	5	9		7				

Sudoku #042 (Hard)

						9		4
		1				3		
			7	6				1
			6	2				5
3	7		5		8		2	9
5				3	9			
6			3	1				
		5				4		
4		7						

Sudoku #043 (Hard)

	4			2	8	7		
1						2		
8					5	6		
			6			9	7	
7								5
	1	8			3			
		1	2					9
		3						7
		5	1	6			8	

Sudoku #044 (Hard)

			4					1
8			3		5			2
			9	8		4		
6							3	
	5	4				1	7	
	3							5
		8		7	4			
4			6		2			7
3					1			

Sudoku #045 (Hard)

7								
	3		1	9	2			
6	5			3				4
		9		5				3
5								9
8				6		2		
3				1			4	8
			5	2	6		3	
								5

Sudoku #046 (Hard)

			7				9	8
				1		3	6	
	4	2						1
			8			9		3
	1						5	
6		7			1			
5						2	4	
	2	6		5				
1	9				7			

Sudoku #047 (Hard)

		4	9	2				7
	6					4		5
		1					2	
			7	4			8	
4								6
	7			9	3			
	4					2		
2		8					3	
5				7	8	1		

Sudoku #048 (Hard)

4					1			
3		2			5	6		9
				8				5
		5				2	9	
			1		8			
	3	1				7		
5				9				
9		7	2			8		3
			7					4

Sudoku #049 (Hard)

	9	3			4			5
					6			
1	4						7	
	5	2				3		
6			9		5			8
		1				4	5	
	3						4	6
			6					
5			8			7	2	

Sudoku #050 (Hard)

5			8				4	
	3	6					8	9
					9			
				8				5
	6	1		5		8	2	
7				3				
			2					
4	2					5	9	
	9				6			4

Sudoku #051 (Hard)

	1		9		8			4
						5		2
4				5				
	5			9	7	4		
	3						9	
		2	5	1			3	
			4					8
8		3						
2			8		9		7	

Sudoku #052 (Hard)

9			1					7
6	2							
	7	4	2			5		
		6					2	3
				1				
4	5					8		
		3			5	1	6	
							7	4
7					6			8

Sudoku #053 (Hard)

				5	4	6		
								8
					8	4	9	5
2						8	6	
	9	4	1		6	5	7	
	6	3						1
7	3	6	4					
1								
		2	5	3				

Sudoku #054 (Hard)

	7		5			6		
8				7			3	
	9				1	5		
	2			3				
		5				1		
				6			2	
		8	3				5	
	4			9				8
		1			2		7	

Sudoku #055 (Hard)

4				7			3	9
3							6	
		6			2			
				1	7	8	9	
	9						7	
	7	4	3	2				
			5			6		
	5							8
2	6			8				5

Sudoku #056 (Hard)

5				7				
			9			1		
		9		8		4	7	
	9					6	3	
1			8		9			4
	8	7					5	
	7	3		5		8		
		4			3			
				2				6

Sudoku #057 (Hard)

1			9		8			
						7		
8		2			3	9		
9			7				3	
	3	1				5	4	
	5				9			1
		5	2			8		7
		6						
			4		7			2

Sudoku #058 (Hard)

			8	2				5
6	9	2						
	8		7			1		
8				9		3		1
				3				
7		4		5				9
		8			2		9	
						2	5	4
9				6	4			

Sudoku #058 (Hard)

1			6					
		8		5		1		6
	5	4		8	7	3		
3	7				5	6		
		1	2				8	3
		2	9	4		5	3	
4		5		7		2		
					2			1

Sudoku #060 (Hard)

				4				3
2	8		7			4		
			1	3			7	2
					6	3		
4		2				9		8
		1	9					
6	1			9	3			
		8			7		9	5
9				1				

Mazes

Maze 1

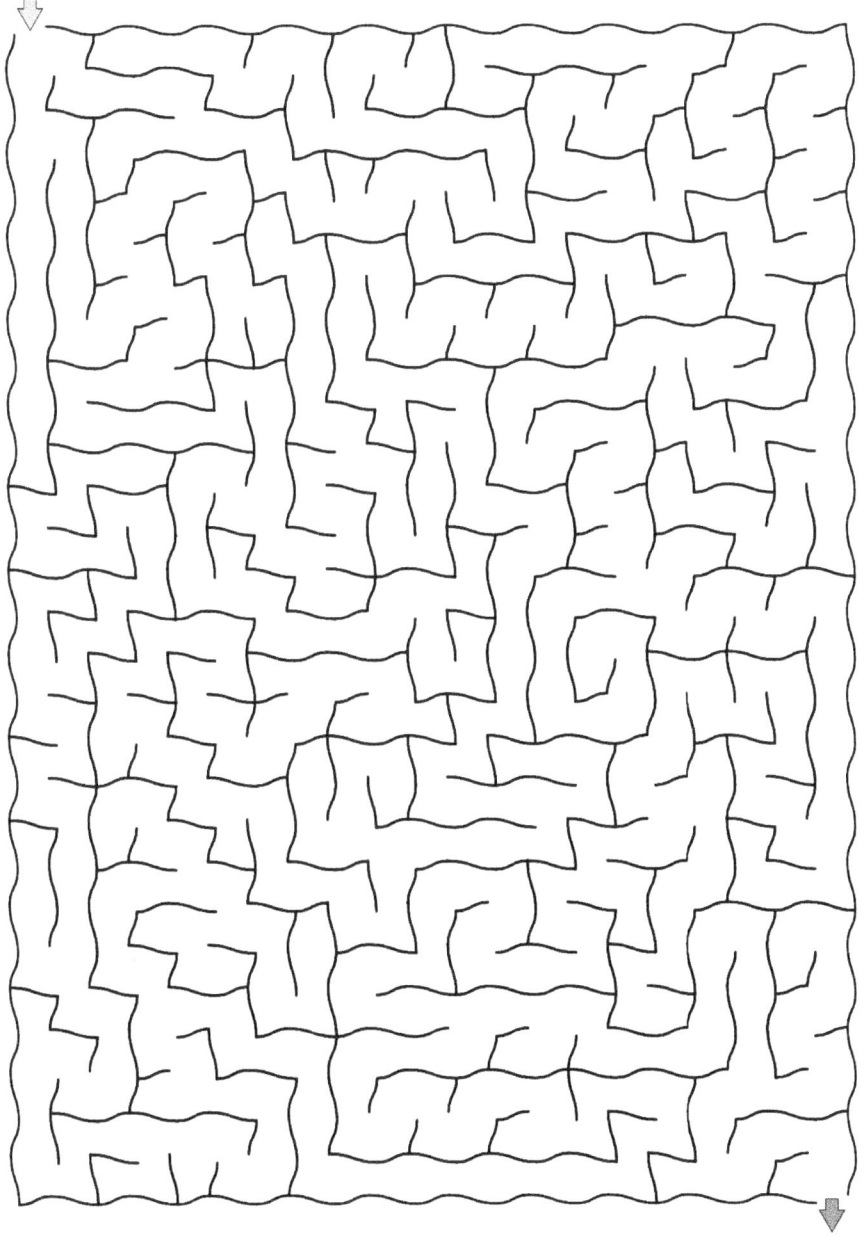

Maze 2

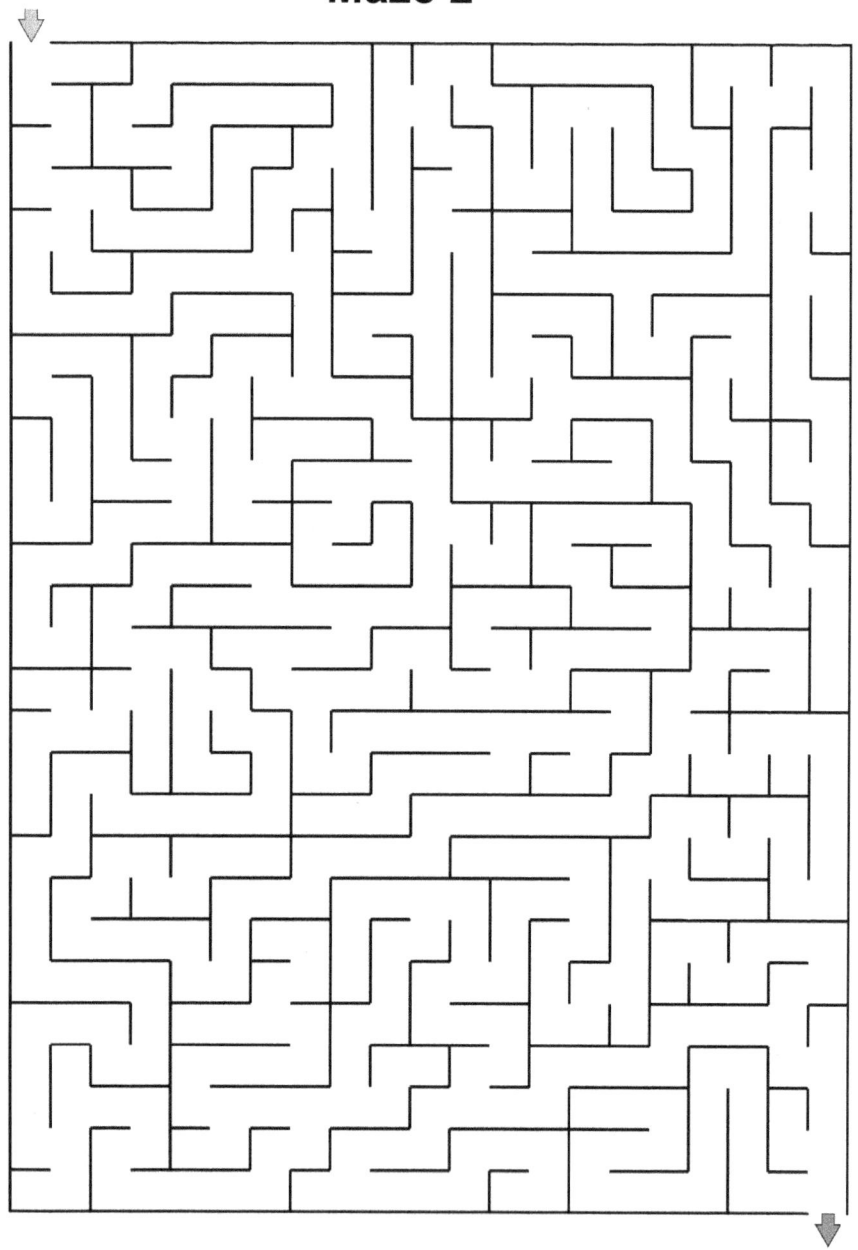

Maze 3

Maze 4

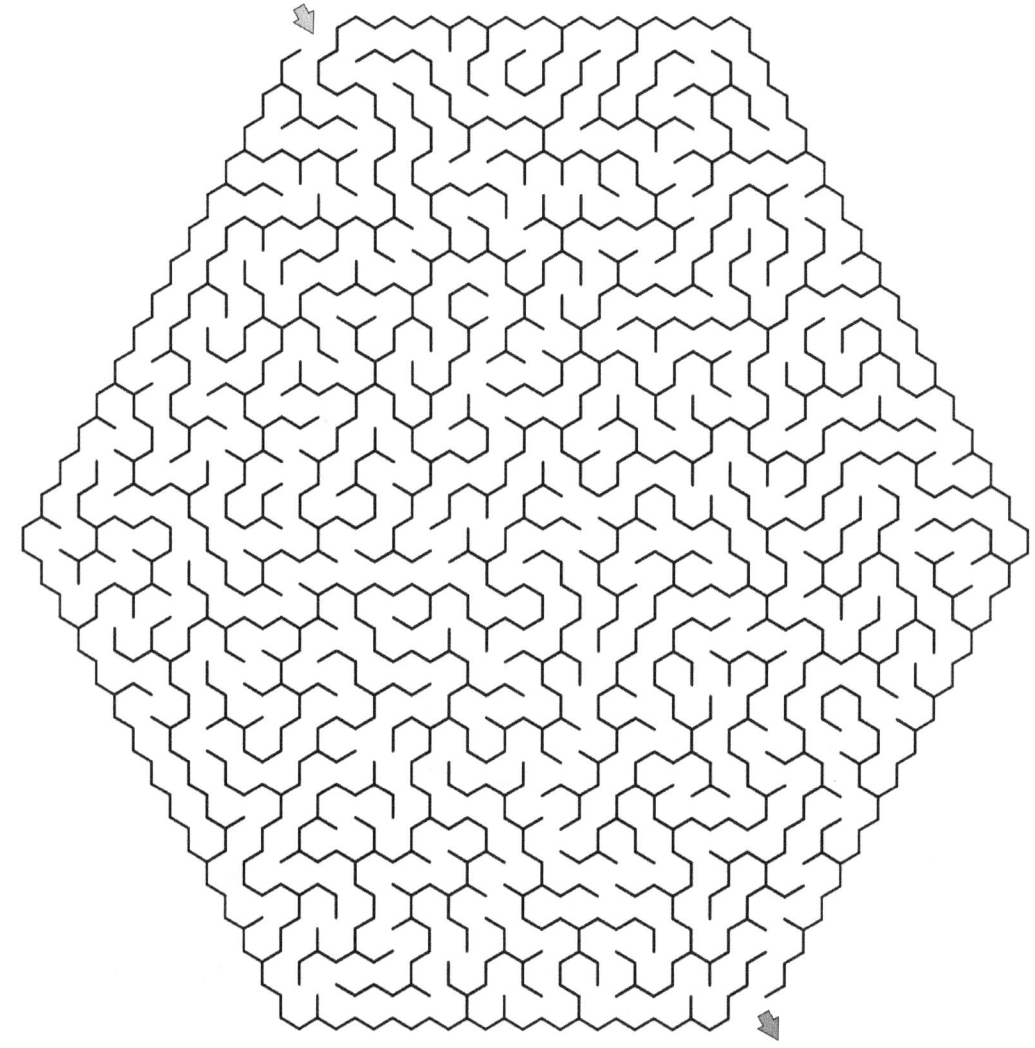

Maze 5

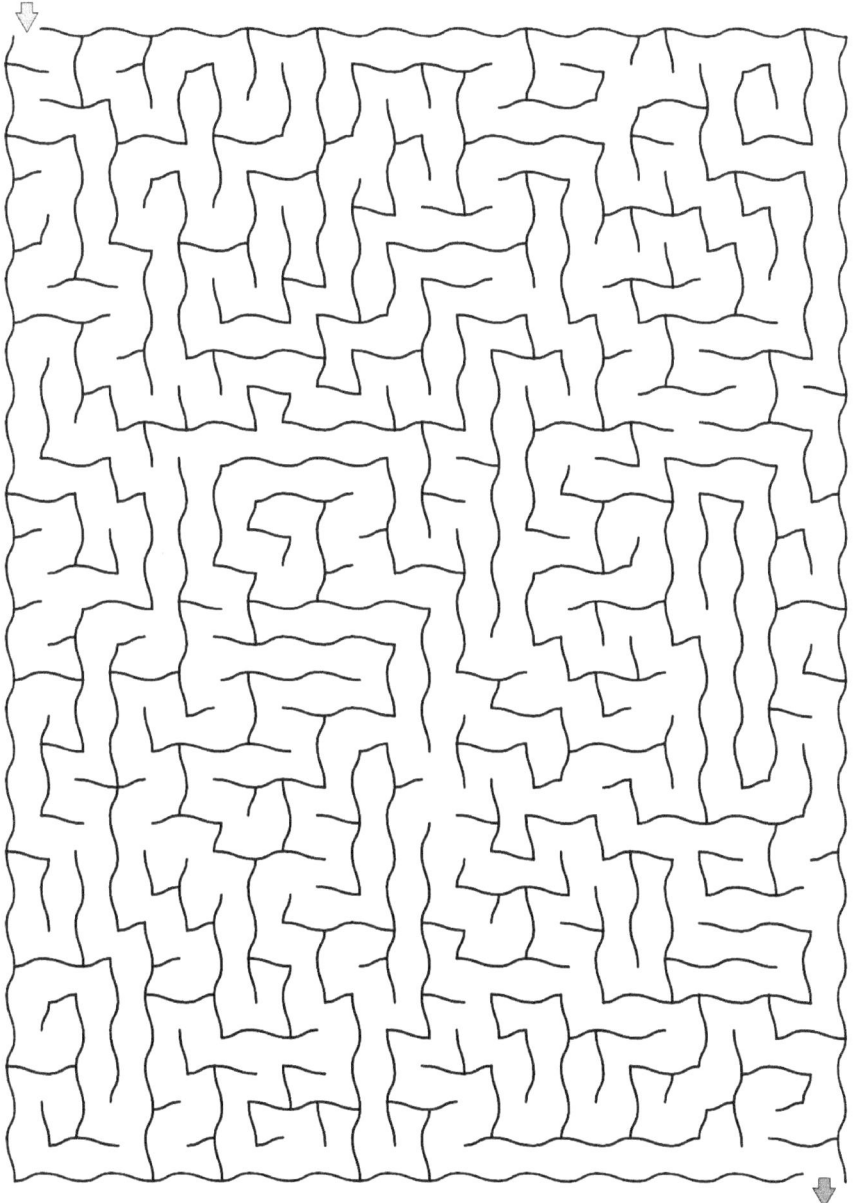

Maze 6

Maze 7

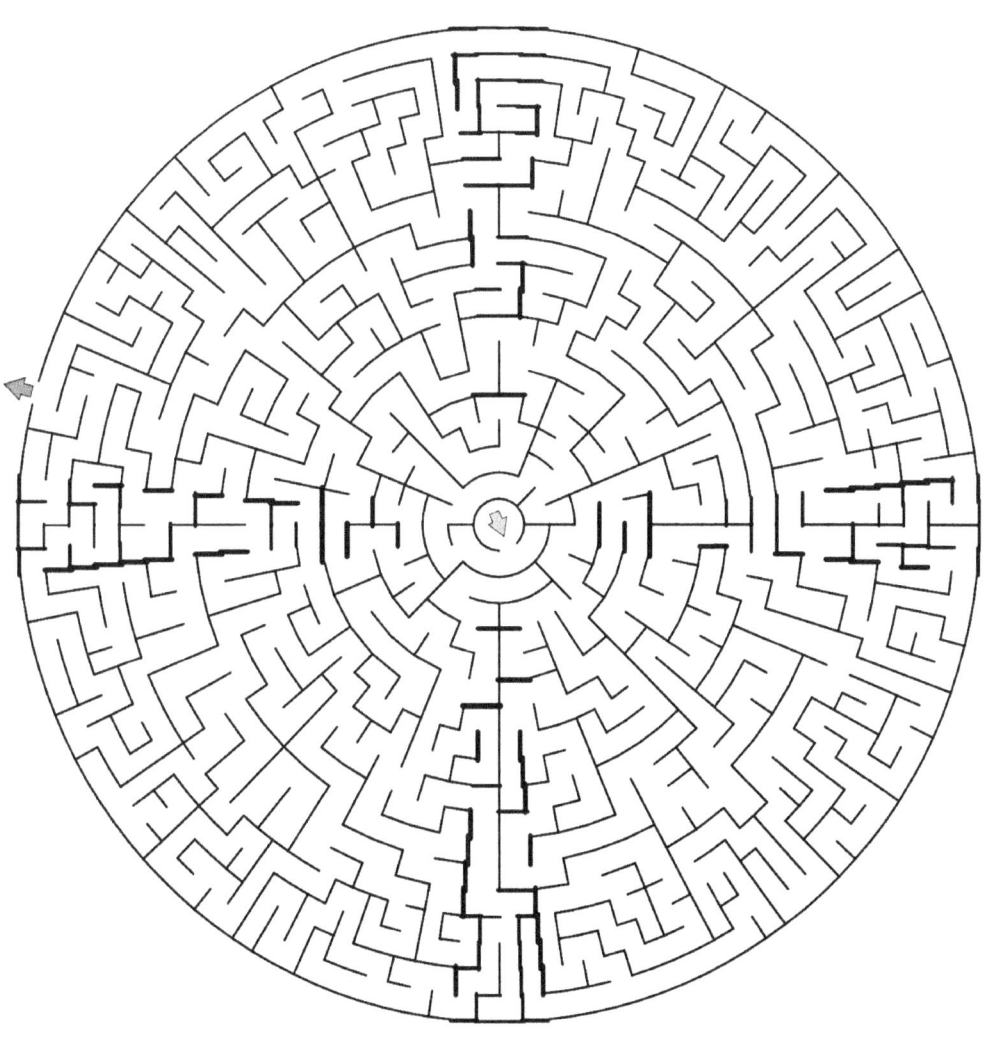

Maze 8

Maze 9

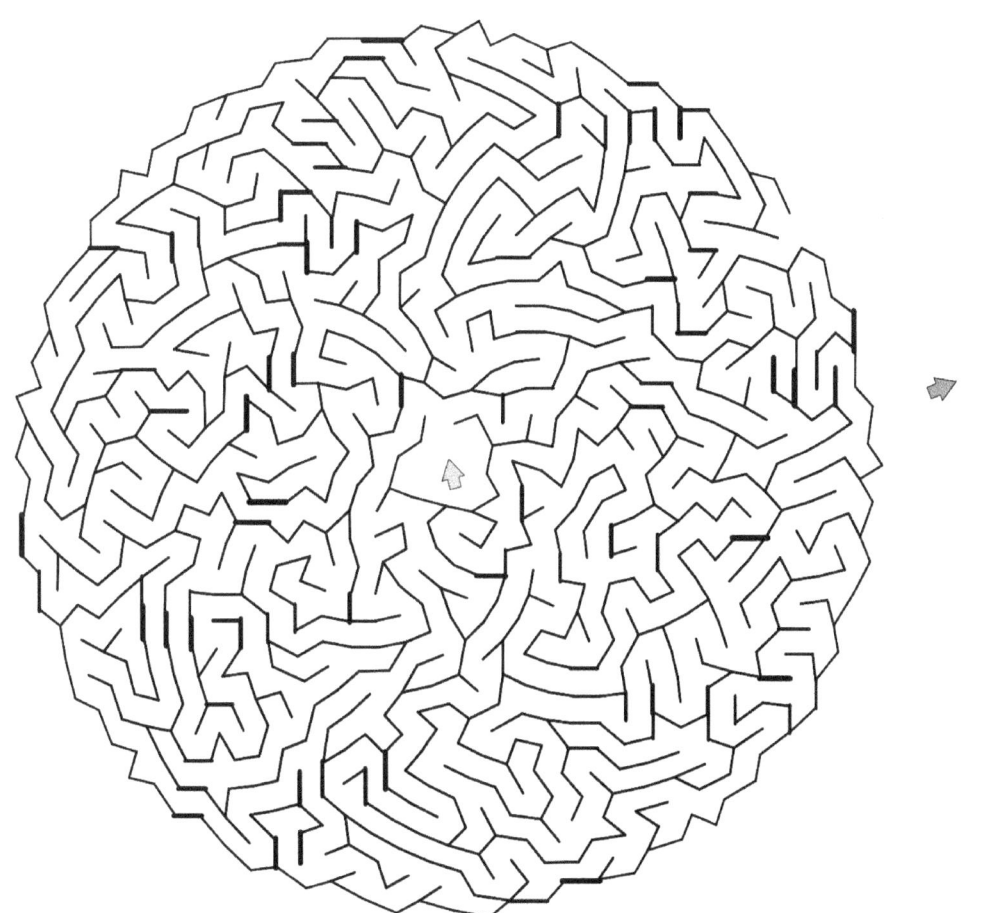

Maze 10

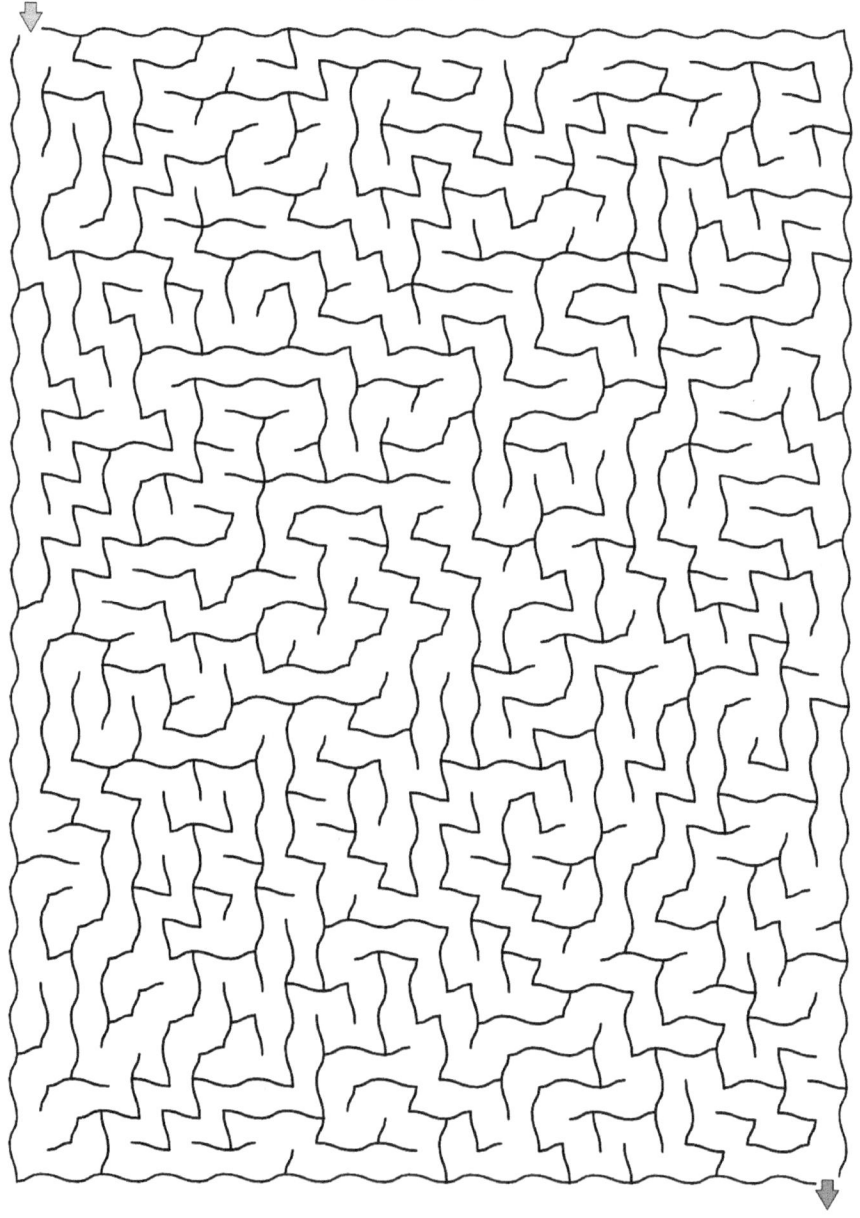

Maze 11

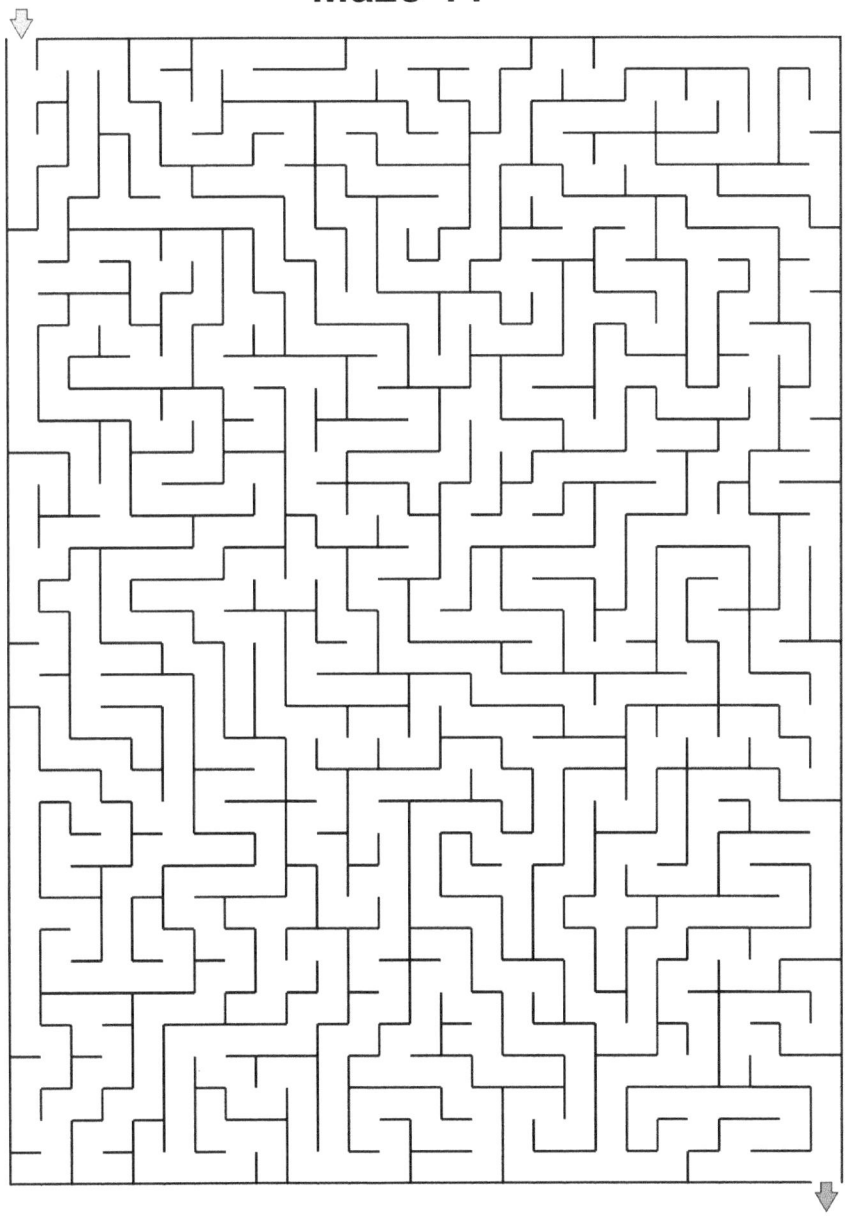

Maze 12

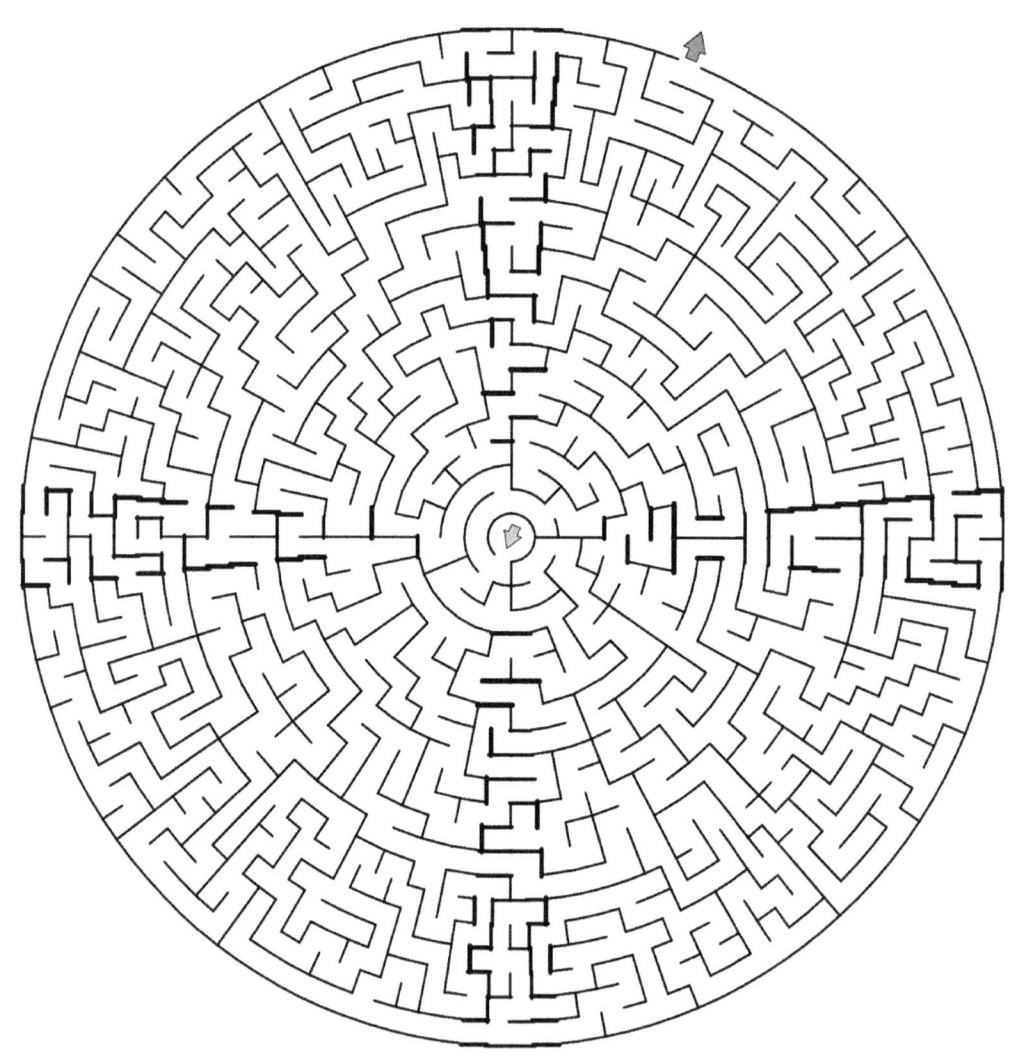

Maze 13

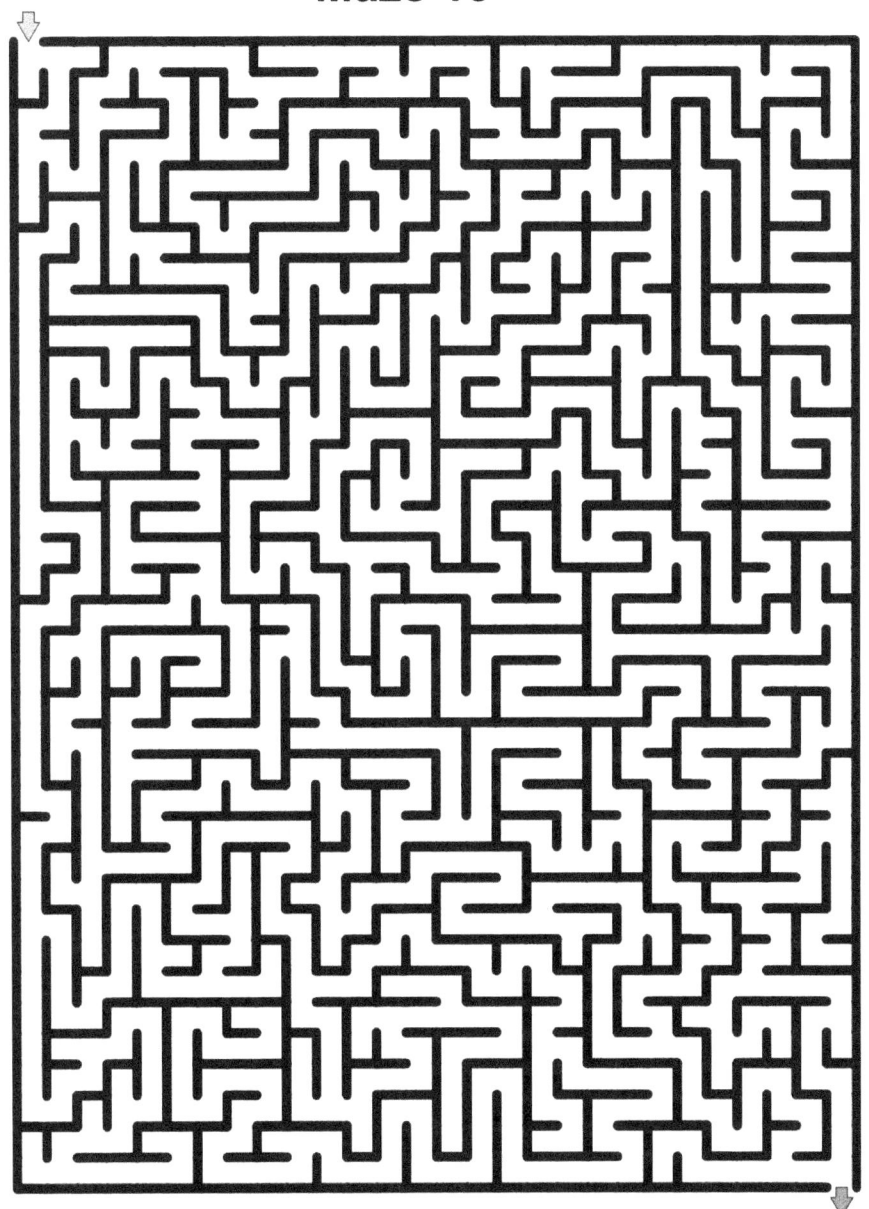

Maze 14

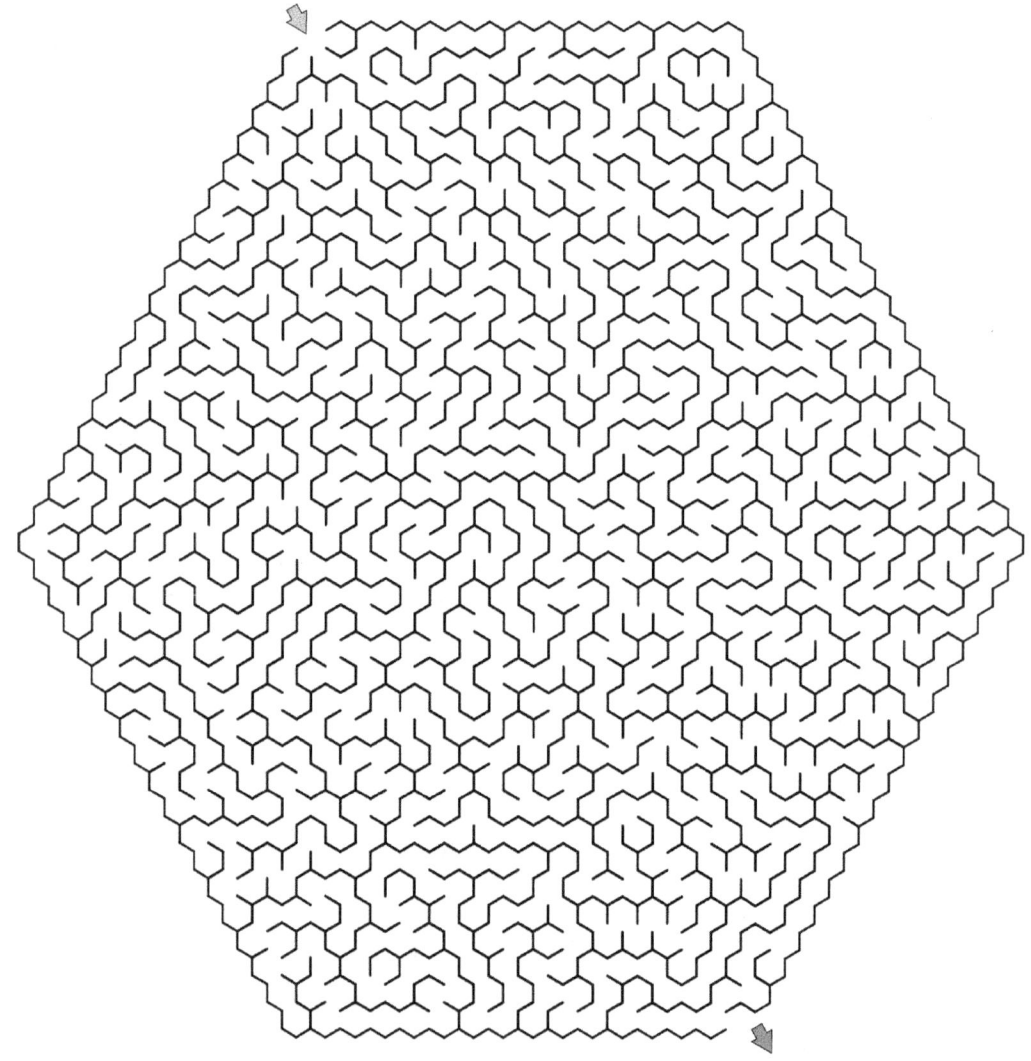

Maze 15

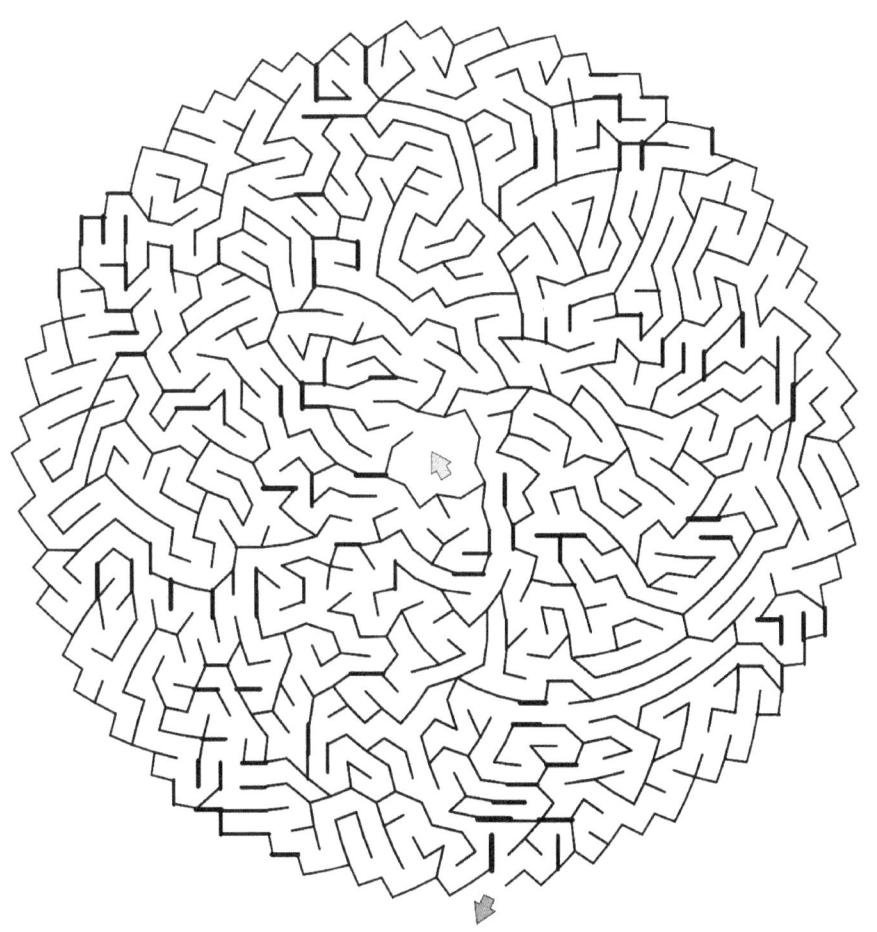

Maze 16

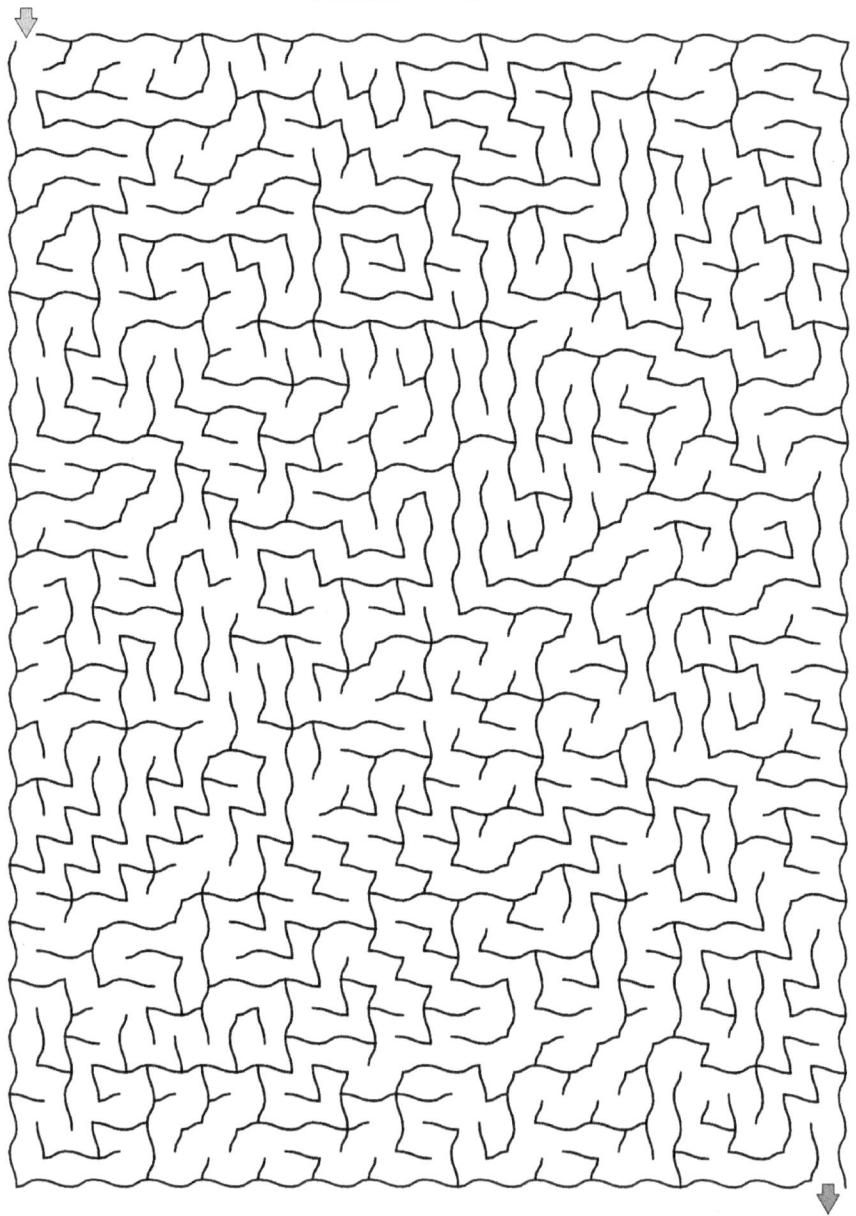

Maze 17

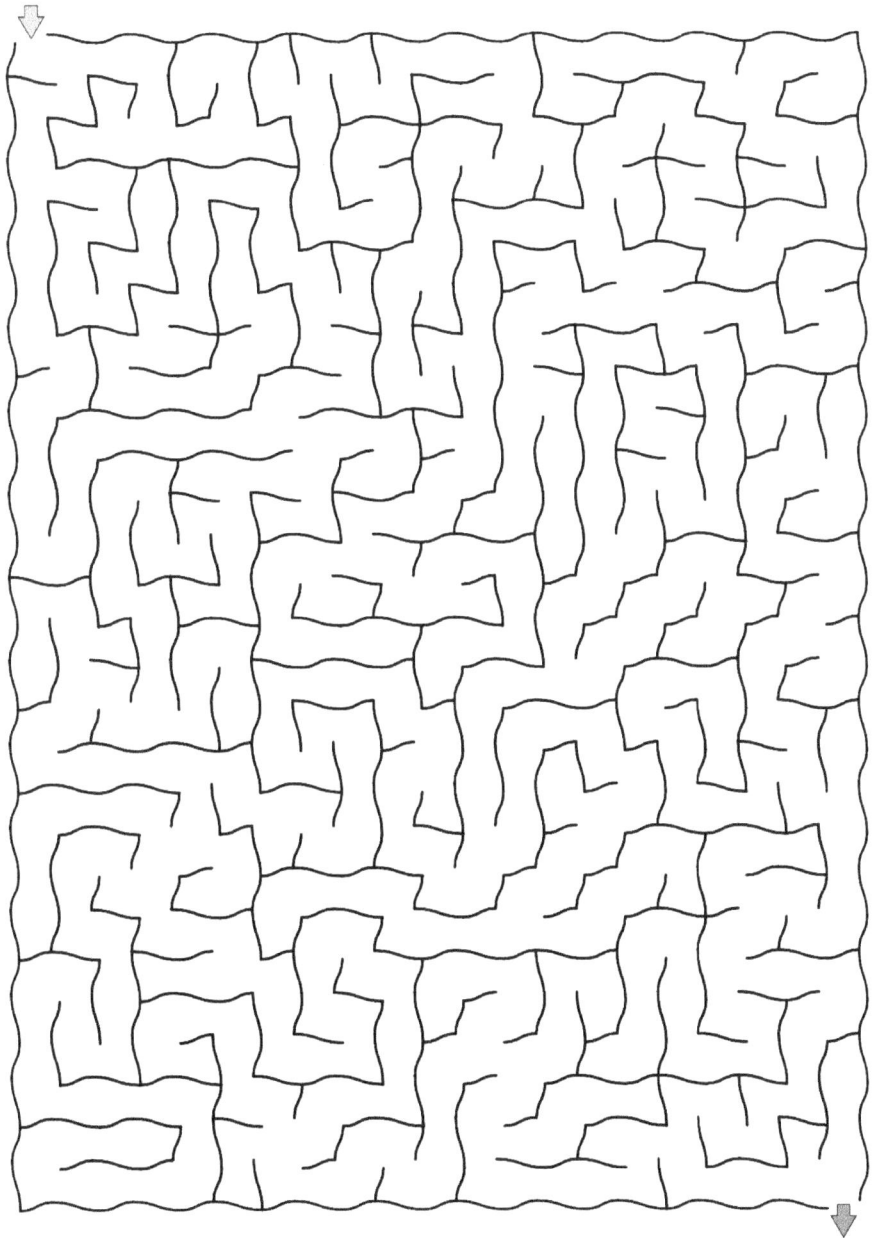

Maze 18

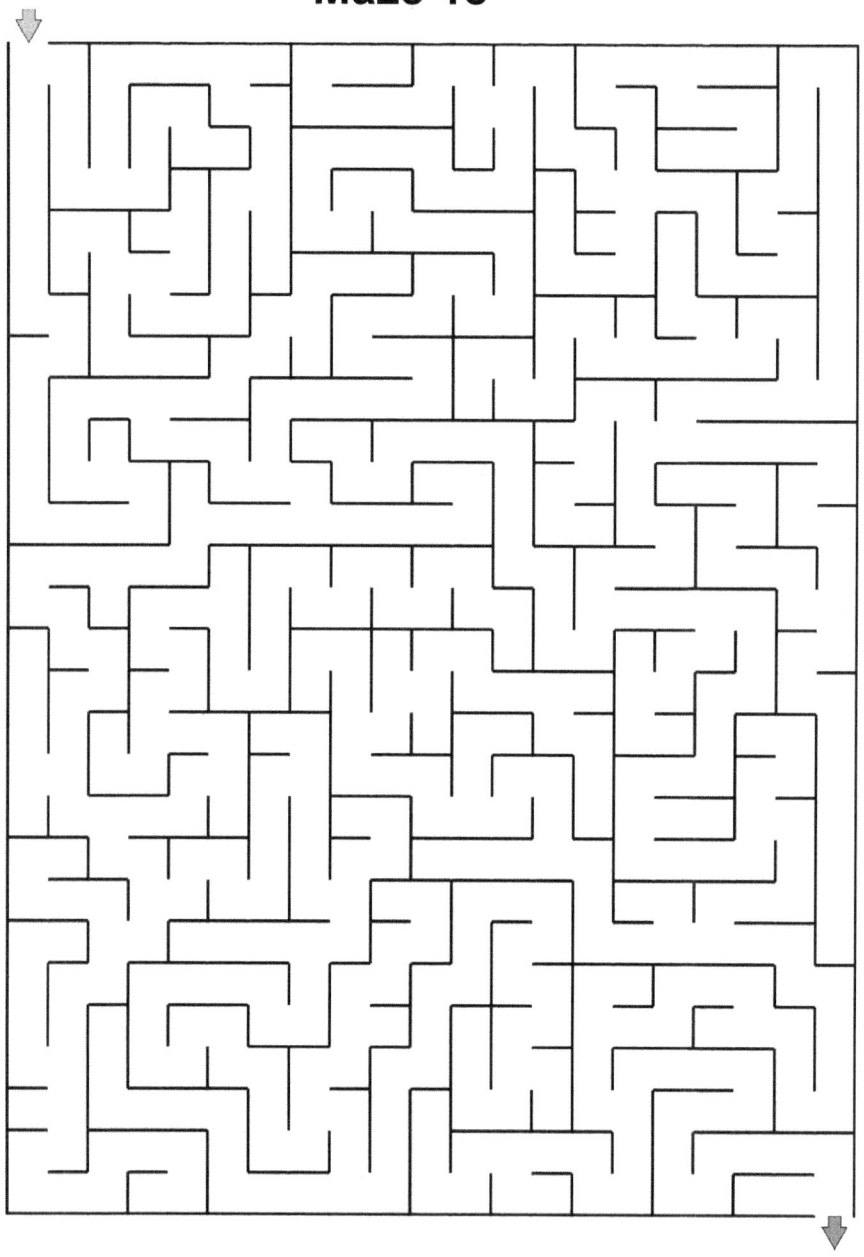

Maze 19

Maze 20

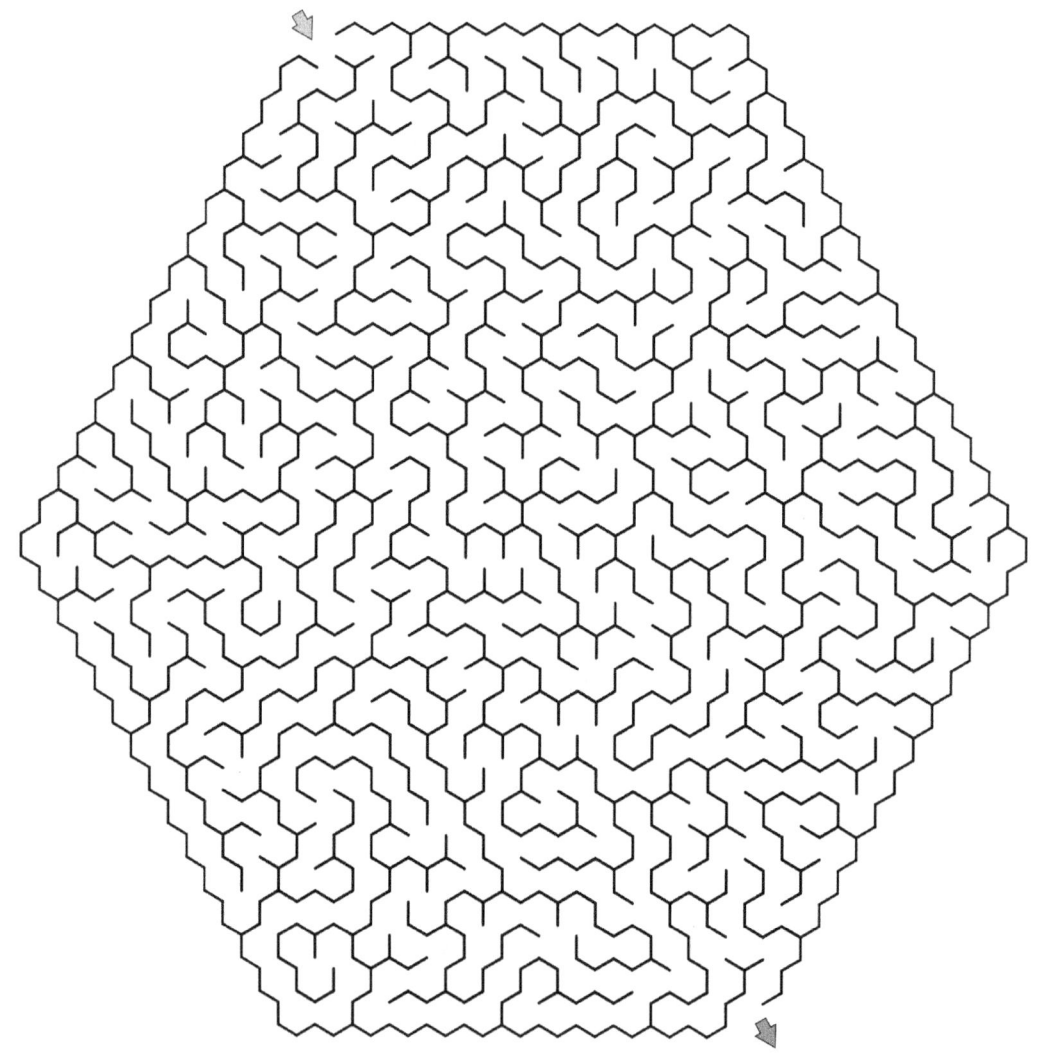

Answers

Sudoku #001 (Easy)

6	8	4	7	5	1	9	2	3
7	1	5	3	2	9	8	4	6
3	2	9	4	8	6	7	1	5
9	4	7	2	3	5	6	8	1
5	6	2	1	9	8	3	7	4
8	3	1	6	7	4	5	9	2
2	5	6	9	4	7	1	3	8
1	7	3	8	6	2	4	5	9
4	9	8	5	1	3	2	6	7

Sudoku #002 (Easy)

1	3	5	9	6	2	8	7	4
6	7	8	4	3	1	5	9	2
4	2	9	8	5	7	3	1	6
5	4	6	1	7	9	2	8	3
2	9	3	6	8	4	7	5	1
7	8	1	3	2	5	6	4	9
8	1	2	5	4	6	9	3	7
3	6	4	7	9	8	1	2	5
9	5	7	2	1	3	4	6	8

Sudoku #003 (Easy)

6	3	7	2	9	4	1	5	8
5	9	1	6	8	3	4	2	7
4	2	8	1	7	5	3	9	6
9	8	5	4	3	6	7	1	2
1	6	2	7	5	8	9	4	3
3	7	4	9	2	1	8	6	5
7	5	6	3	4	9	2	8	1
8	4	3	5	1	2	6	7	9
2	1	9	8	6	7	5	3	4

Sudoku #004 (Easy)

4	7	9	6	3	5	8	2	1
1	8	6	2	4	7	9	5	3
2	3	5	1	9	8	7	4	6
8	9	3	5	1	4	2	6	7
7	5	2	3	6	9	4	1	8
6	4	1	7	8	2	3	9	5
3	2	7	4	5	6	1	8	9
5	1	8	9	2	3	6	7	4
9	6	4	8	7	1	5	3	2

Sudoku #007 (Easy)

2	9	5	3	1	6	8	4	7
4	6	3	2	7	8	9	1	5
7	8	1	4	9	5	6	3	2
6	3	9	7	2	4	5	8	1
8	1	2	6	5	9	4	7	3
5	7	4	1	8	3	2	9	6
9	4	7	5	6	1	3	2	8
3	2	6	8	4	7	1	5	9
1	5	8	9	3	2	7	6	4

Sudoku #008 (Easy)

4	6	8	7	2	1	9	5	3
3	7	5	8	4	9	6	2	1
1	2	9	5	3	6	8	4	7
6	1	2	3	9	4	5	7	8
9	3	7	1	8	5	4	6	2
8	5	4	6	7	2	1	3	9
5	9	1	2	6	7	3	8	4
2	4	3	9	5	8	7	1	6
7	8	6	4	1	3	2	9	5

Sudoku #007 (Easy)

2	9	5	3	1	6	8	4	7
4	6	3	2	7	8	9	1	5
7	8	1	4	9	5	6	3	2
6	3	9	7	2	4	5	8	1
8	1	2	6	5	9	4	7	3
5	7	4	1	8	3	2	9	6
9	4	7	5	6	1	3	2	8
3	2	6	8	4	7	1	5	9
1	5	8	9	3	2	7	6	4

Sudoku #008 (Easy)

4	6	8	7	2	1	9	5	3
3	7	5	8	4	9	6	2	1
1	2	9	5	3	6	8	4	7
6	1	2	3	9	4	5	7	8
9	3	7	1	8	5	4	6	2
8	5	4	6	7	2	1	3	9
5	9	1	2	6	7	3	8	4
2	4	3	9	5	8	7	1	6
7	8	6	4	1	3	2	9	5

Sudoku #009 (Easy)

7	2	4	8	1	3	6	5	9
8	6	1	2	5	9	3	4	7
3	5	9	6	7	4	2	1	8
1	9	3	5	6	7	8	2	4
5	7	2	3	4	8	9	6	1
6	4	8	9	2	1	7	3	5
4	8	6	7	3	5	1	9	2
2	1	7	4	9	6	5	8	3
9	3	5	1	8	2	4	7	6

Sudoku #010 (Easy)

7	4	6	5	2	9	1	8	3
2	9	8	4	1	3	5	7	6
5	1	3	7	8	6	9	2	4
9	8	7	3	5	2	4	6	1
4	3	5	6	7	1	2	9	8
1	6	2	8	9	4	7	3	5
8	5	4	2	3	7	6	1	9
6	2	1	9	4	8	3	5	7
3	7	9	1	6	5	8	4	2

Sudoku #011 (Easy)

4	2	7	8	6	1	9	5	3
6	3	8	9	2	5	4	1	7
1	5	9	3	4	7	8	6	2
8	6	1	2	7	9	3	4	5
2	7	3	4	5	6	1	9	8
5	9	4	1	8	3	7	2	6
3	8	5	6	9	4	2	7	1
7	4	2	5	1	8	6	3	9
9	1	6	7	3	2	5	8	4

Sudoku #012 (Easy)

9	8	5	4	2	7	6	1	3
4	6	2	1	9	3	8	7	5
3	1	7	6	5	8	2	9	4
2	7	3	5	1	4	9	8	6
8	4	9	7	6	2	3	5	1
1	5	6	3	8	9	7	4	2
7	9	1	2	3	5	4	6	8
6	3	8	9	4	1	5	2	7
5	2	4	8	7	6	1	3	9

Sudoku #013 (Easy)

6	3	9	1	7	4	8	2	5
2	5	7	3	9	8	4	1	6
1	8	4	2	5	6	9	7	3
9	7	1	8	4	5	3	6	2
8	4	3	6	1	2	5	9	7
5	2	6	7	3	9	1	4	8
3	9	5	4	2	7	6	8	1
7	1	8	9	6	3	2	5	4
4	6	2	5	8	1	7	3	9

Sudoku #014 (Easy)

6	4	7	9	3	8	2	1	5
3	8	1	7	5	2	6	4	9
5	9	2	1	4	6	8	7	3
4	1	6	8	9	7	3	5	2
8	7	9	3	2	5	1	6	4
2	3	5	6	1	4	9	8	7
1	5	4	2	8	9	7	3	6
7	2	8	4	6	3	5	9	1
9	6	3	5	7	1	4	2	8

Sudoku #015 (Easy)

5	8	9	2	7	1	4	3	6
3	6	4	9	8	5	1	2	7
2	1	7	3	6	4	8	5	9
4	7	2	6	5	9	3	1	8
1	3	8	7	4	2	9	6	5
6	9	5	8	1	3	7	4	2
9	5	1	4	2	7	6	8	3
8	2	3	1	9	6	5	7	4
7	4	6	5	3	8	2	9	1

Sudoku #016 (Easy)

8	4	3	6	9	5	7	2	1
5	2	6	7	1	4	8	9	3
9	7	1	3	2	8	4	5	6
3	1	9	2	4	7	5	6	8
2	8	4	5	6	1	3	7	9
6	5	7	9	8	3	1	4	2
4	6	8	1	7	9	2	3	5
1	3	2	4	5	6	9	8	7
7	9	5	8	3	2	6	1	4

Sudoku #017 (Easy)

5	6	1	7	9	8	4	3	2
8	3	9	1	2	4	5	6	7
7	2	4	6	3	5	1	8	9
4	7	3	5	8	6	2	9	1
2	8	5	9	1	3	6	7	4
9	1	6	2	4	7	3	5	8
1	4	7	3	5	9	8	2	6
6	5	8	4	7	2	9	1	3
3	9	2	8	6	1	7	4	5

Sudoku #018 (Easy)

1	7	6	4	5	3	8	2	9
2	4	5	6	9	8	7	3	1
9	8	3	7	2	1	4	6	5
7	9	2	5	8	6	1	4	3
8	5	4	1	3	9	2	7	6
3	6	1	2	7	4	5	9	8
6	2	9	8	1	7	3	5	4
4	1	7	3	6	5	9	8	2
5	3	8	9	4	2	6	1	7

Sudoku #019 (Easy)

6	5	9	7	8	2	3	4	1
4	2	7	6	1	3	9	5	8
8	3	1	4	9	5	7	2	6
1	6	5	2	7	4	8	3	9
3	8	4	9	6	1	5	7	2
7	9	2	5	3	8	6	1	4
9	4	6	1	5	7	2	8	3
5	1	3	8	2	9	4	6	7
2	7	8	3	4	6	1	9	5

Sudoku #020 (Easy)

5	2	4	6	1	8	9	7	3
1	8	9	4	3	7	2	5	6
6	7	3	5	9	2	4	8	1
9	6	7	2	4	1	8	3	5
8	3	2	9	5	6	7	1	4
4	1	5	7	8	3	6	2	9
7	4	6	3	2	5	1	9	8
2	5	8	1	6	9	3	4	7
3	9	1	8	7	4	5	6	2

Sudoku #021 (Medium)

3	5	6	8	2	9	7	4	1
9	8	7	4	1	6	2	5	3
1	4	2	5	7	3	6	8	9
8	6	1	7	9	2	4	3	5
5	7	9	3	8	4	1	2	6
4	2	3	1	6	5	8	9	7
2	1	4	9	5	7	3	6	8
7	3	5	6	4	8	9	1	2
6	9	8	2	3	1	5	7	4

Sudoku #022 (Medium)

9	4	5	8	3	1	7	2	6
8	2	7	5	4	6	9	1	3
6	1	3	7	9	2	5	4	8
5	3	2	4	6	9	1	8	7
1	7	9	3	8	5	2	6	4
4	6	8	2	1	7	3	5	9
2	9	4	1	7	8	6	3	5
7	8	1	6	5	3	4	9	2
3	5	6	9	2	4	8	7	1

Sudoku #023 (Medium)

6	9	3	2	7	5	8	1	4
7	1	5	6	8	4	3	2	9
4	2	8	3	9	1	5	6	7
9	3	6	8	1	2	7	4	5
1	8	2	4	5	7	6	9	3
5	7	4	9	6	3	1	8	2
3	6	9	7	2	8	4	5	1
2	4	1	5	3	6	9	7	8
8	5	7	1	4	9	2	3	6

Sudoku #024 (Medium)

1	8	5	6	7	3	2	9	4
6	9	2	5	1	4	8	3	7
4	3	7	8	2	9	6	5	1
9	2	6	3	4	8	7	1	5
5	7	4	9	6	1	3	2	8
3	1	8	7	5	2	4	6	9
8	4	1	2	3	5	9	7	6
2	6	9	1	8	7	5	4	3
7	5	3	4	9	6	1	8	2

Sudoku #023 (Medium)

6	9	3	2	7	5	8	1	4
7	1	5	6	8	4	3	2	9
4	2	8	3	9	1	5	6	7
9	3	6	8	1	2	7	4	5
1	8	2	4	5	7	6	9	3
5	7	4	9	6	3	1	8	2
3	6	9	7	2	8	4	5	1
2	4	1	5	3	6	9	7	8
8	5	7	1	4	9	2	3	6

Sudoku #024 (Medium)

1	8	5	6	7	3	2	9	4
6	9	2	5	1	4	8	3	7
4	3	7	8	2	9	6	5	1
9	2	6	3	4	8	7	1	5
5	7	4	9	6	1	3	2	8
3	1	8	7	5	2	4	6	9
8	4	1	2	3	5	9	7	6
2	6	9	1	8	7	5	4	3
7	5	3	4	9	6	1	8	2

Sudoku #025 (Medium)

9	1	2	7	6	8	3	5	4
3	6	7	4	5	2	1	9	8
4	5	8	9	1	3	6	7	2
8	2	6	1	3	9	7	4	5
1	4	3	8	7	5	2	6	9
7	9	5	6	2	4	8	3	1
2	7	1	5	9	6	4	8	3
5	3	4	2	8	7	9	1	6
6	8	9	3	4	1	5	2	7

Sudoku #026 (Medium)

3	5	9	6	1	2	8	7	4
4	8	1	7	5	3	6	2	9
6	7	2	9	4	8	3	1	5
1	9	8	4	6	5	2	3	7
2	4	3	8	7	9	5	6	1
5	6	7	2	3	1	9	4	8
7	2	5	3	9	4	1	8	6
8	1	6	5	2	7	4	9	3
9	3	4	1	8	6	7	5	2

Sudoku #027 (Medium)

4	5	1	2	3	9	7	8	6
7	9	8	5	6	1	4	2	3
2	6	3	7	8	4	1	5	9
3	2	4	6	5	8	9	1	7
9	8	5	1	7	3	6	4	2
6	1	7	4	9	2	8	3	5
5	4	6	3	1	7	2	9	8
8	3	2	9	4	6	5	7	1
1	7	9	8	2	5	3	6	4

Sudoku #028 (Medium)

4	9	1	7	2	6	5	8	3
7	8	6	5	9	3	1	2	4
5	2	3	4	8	1	6	9	7
6	4	8	2	5	9	3	7	1
1	5	9	3	7	8	4	6	2
3	7	2	6	1	4	9	5	8
8	3	4	9	6	2	7	1	5
9	1	5	8	3	7	2	4	6
2	6	7	1	4	5	8	3	9

Sudoku #029 (Medium)

2	8	1	9	3	7	4	6	5
4	9	3	5	2	6	8	7	1
5	7	6	1	8	4	3	9	2
9	5	8	2	6	1	7	3	4
1	2	7	3	4	8	9	5	6
6	3	4	7	9	5	1	2	8
3	1	9	8	5	2	6	4	7
7	4	2	6	1	3	5	8	9
8	6	5	4	7	9	2	1	3

Sudoku #030 (Medium)

1	6	5	7	2	8	4	3	9
8	3	4	5	6	9	7	2	1
2	7	9	4	3	1	5	6	8
6	8	7	3	4	2	1	9	5
3	4	2	1	9	5	6	8	7
5	9	1	8	7	6	2	4	3
9	5	6	2	1	3	8	7	4
4	2	8	9	5	7	3	1	6
7	1	3	6	8	4	9	5	2

Sudoku #031 (Medium)

6	4	2	8	7	5	1	9	3
7	1	5	4	9	3	8	2	6
3	8	9	6	2	1	7	4	5
5	6	1	7	4	9	3	8	2
4	3	8	1	6	2	9	5	7
9	2	7	5	3	8	4	6	1
1	5	3	2	8	4	6	7	9
8	9	6	3	5	7	2	1	4
2	7	4	9	1	6	5	3	8

Sudoku #032 (Medium)

1	7	5	6	4	8	2	3	9
8	9	6	5	2	3	7	1	4
2	3	4	1	7	9	8	5	6
5	8	2	9	1	6	4	7	3
4	1	9	3	8	7	6	2	5
7	6	3	4	5	2	9	8	1
3	4	7	8	9	5	1	6	2
6	2	1	7	3	4	5	9	8
9	5	8	2	6	1	3	4	7

Sudoku #033 (Medium)

6	1	4	7	5	8	2	3	9
2	9	5	3	6	4	8	1	7
3	7	8	2	1	9	6	4	5
5	4	1	9	8	2	7	6	3
9	3	7	5	4	6	1	8	2
8	6	2	1	3	7	5	9	4
4	8	3	6	7	5	9	2	1
1	5	9	8	2	3	4	7	6
7	2	6	4	9	1	3	5	8

Sudoku #034 (Medium)

8	7	3	6	4	2	9	1	5
1	2	6	9	5	8	7	4	3
4	9	5	1	3	7	2	6	8
5	1	9	4	7	6	8	3	2
6	3	8	2	9	1	5	7	4
2	4	7	3	8	5	6	9	1
9	5	2	7	1	3	4	8	6
7	8	1	5	6	4	3	2	9
3	6	4	8	2	9	1	5	7

Sudoku #035 (Medium)

3	9	5	4	1	8	7	2	6
7	2	4	9	6	5	3	8	1
8	1	6	3	7	2	9	4	5
2	6	9	8	5	1	4	7	3
5	4	7	2	3	9	6	1	8
1	3	8	6	4	7	2	5	9
9	8	1	7	2	6	5	3	4
6	7	3	5	8	4	1	9	2
4	5	2	1	9	3	8	6	7

Sudoku #036 (Medium)

4	7	9	2	6	8	5	1	3
2	5	1	4	3	7	8	6	9
3	6	8	9	1	5	2	4	7
7	9	6	3	5	4	1	8	2
5	1	4	8	7	2	9	3	6
8	2	3	6	9	1	7	5	4
6	4	2	5	8	9	3	7	1
9	8	7	1	4	3	6	2	5
1	3	5	7	2	6	4	9	8

Sudoku #037 (Medium)

2	1	8	4	6	5	3	7	9
4	5	3	9	7	1	2	6	8
7	6	9	3	2	8	5	4	1
6	4	7	1	9	3	8	5	2
8	9	2	7	5	6	1	3	4
5	3	1	2	8	4	7	9	6
9	8	6	5	3	2	4	1	7
3	7	4	8	1	9	6	2	5
1	2	5	6	4	7	9	8	3

Sudoku #038 (Medium)

5	2	3	7	4	6	1	8	9
6	1	8	3	5	9	4	7	2
4	7	9	8	2	1	6	3	5
2	5	1	4	3	8	9	6	7
3	6	7	9	1	2	5	4	8
8	9	4	6	7	5	2	1	3
9	8	2	1	6	3	7	5	4
7	3	6	5	9	4	8	2	1
1	4	5	2	8	7	3	9	6

Sudoku #039 (Medium)

5	8	1	7	6	9	2	3	4
6	3	9	4	8	2	5	1	7
4	2	7	5	1	3	6	8	9
7	4	3	6	2	1	9	5	8
1	6	2	8	9	5	4	7	3
9	5	8	3	7	4	1	6	2
3	7	4	2	5	6	8	9	1
2	1	5	9	3	8	7	4	6
8	9	6	1	4	7	3	2	5

Sudoku #040 (Medium)

7	4	5	3	6	1	8	9	2
1	9	3	2	8	4	7	5	6
8	6	2	5	7	9	1	3	4
4	5	7	9	1	8	2	6	3
9	3	6	7	5	2	4	8	1
2	1	8	4	3	6	5	7	9
3	8	1	6	2	7	9	4	5
6	2	4	8	9	5	3	1	7
5	7	9	1	4	3	6	2	8

Sudoku #041 (Hard)

9	4	3	5	1	6	2	8	7
7	1	2	8	9	4	5	6	3
5	6	8	3	2	7	1	9	4
6	3	5	4	8	2	9	7	1
2	9	7	1	3	5	6	4	8
4	8	1	7	6	9	3	5	2
8	2	6	9	4	3	7	1	5
3	7	4	6	5	1	8	2	9
1	5	9	2	7	8	4	3	6

Sudoku #042 (Hard)

2	6	8	1	5	3	9	7	4
7	5	1	4	9	2	3	6	8
9	4	3	8	7	6	2	5	1
8	9	4	6	2	1	7	3	5
3	7	6	5	4	8	1	2	9
5	1	2	7	3	9	8	4	6
6	2	9	3	1	4	5	8	7
1	8	5	2	6	7	4	9	3
4	3	7	9	8	5	6	1	2

Sudoku #043 (Hard)

5	4	6	9	2	8	7	1	3
1	3	9	7	4	6	2	5	8
8	2	7	3	1	5	6	9	4
3	5	4	6	8	2	9	7	1
7	6	2	4	9	1	8	3	5
9	1	8	5	7	3	4	2	6
6	8	1	2	3	7	5	4	9
2	9	3	8	5	4	1	6	7
4	7	5	1	6	9	3	8	2

Sudoku #044 (Hard)

5	7	3	4	2	6	9	8	1
8	4	9	3	1	5	7	6	2
2	1	6	9	8	7	4	5	3
6	8	1	7	5	9	2	3	4
9	5	4	2	6	3	1	7	8
7	3	2	1	4	8	6	9	5
1	6	8	5	7	4	3	2	9
4	9	5	6	3	2	8	1	7
3	2	7	8	9	1	5	4	6

Sudoku #043 (Hard)

5	4	6	9	2	8	7	1	3
1	3	9	7	4	6	2	5	8
8	2	7	3	1	5	6	9	4
3	5	4	6	8	2	9	7	1
7	6	2	4	9	1	8	3	5
9	1	8	5	7	3	4	2	6
6	8	1	2	3	7	5	4	9
2	9	3	8	5	4	1	6	7
4	7	5	1	6	9	3	8	2

Sudoku #044 (Hard)

5	7	3	4	2	6	9	8	1
8	4	9	3	1	5	7	6	2
2	1	6	9	8	7	4	5	3
6	8	1	7	5	9	2	3	4
9	5	4	2	6	3	1	7	8
7	3	2	1	4	8	6	9	5
1	6	8	5	7	4	3	2	9
4	9	5	6	3	2	8	1	7
3	2	7	8	9	1	5	4	6

Sudoku #045 (Hard)

7	9	1	6	4	5	3	8	2
4	3	8	1	9	2	5	7	6
6	5	2	7	3	8	1	9	4
2	7	9	8	5	1	4	6	3
5	4	6	2	7	3	8	1	9
8	1	3	4	6	9	2	5	7
3	2	5	9	1	7	6	4	8
9	8	4	5	2	6	7	3	1
1	6	7	3	8	4	9	2	5

Sudoku #046 (Hard)

3	6	1	7	2	5	4	9	8
7	8	5	9	1	4	3	6	2
9	4	2	6	8	3	5	7	1
2	5	4	8	7	6	9	1	3
8	1	9	4	3	2	7	5	6
6	3	7	5	9	1	8	2	4
5	7	3	1	6	8	2	4	9
4	2	6	3	5	9	1	8	7
1	9	8	2	4	7	6	3	5

Sudoku #047 (Hard)

8	3	4	9	2	5	6	1	7
7	6	2	3	8	1	4	9	5
9	5	1	4	6	7	8	2	3
3	2	5	7	4	6	9	8	1
4	8	9	5	1	2	3	7	6
1	7	6	8	9	3	5	4	2
6	4	7	1	3	9	2	5	8
2	1	8	6	5	4	7	3	9
5	9	3	2	7	8	1	6	4

Sudoku #048 (Hard)

4	5	8	9	6	1	3	7	2
3	1	2	4	7	5	6	8	9
7	9	6	3	8	2	4	1	5
8	4	5	6	3	7	2	9	1
2	7	9	1	4	8	5	3	6
6	3	1	5	2	9	7	4	8
5	2	4	8	9	3	1	6	7
9	6	7	2	1	4	8	5	3
1	8	3	7	5	6	9	2	4

Sudoku #049 (Hard)

7	9	3	1	2	4	6	8	5
8	2	5	7	9	6	1	3	4
1	4	6	3	5	8	9	7	2
9	5	2	4	8	1	3	6	7
6	7	4	9	3	5	2	1	8
3	8	1	2	6	7	4	5	9
2	3	7	5	1	9	8	4	6
4	1	8	6	7	2	5	9	3
5	6	9	8	4	3	7	2	1

Sudoku #050 (Hard)

5	1	9	8	2	3	6	4	7
2	3	6	7	4	5	1	8	9
8	7	4	1	6	9	3	5	2
3	4	2	6	8	1	9	7	5
9	6	1	4	5	7	8	2	3
7	8	5	9	3	2	4	6	1
6	5	3	2	9	4	7	1	8
4	2	7	3	1	8	5	9	6
1	9	8	5	7	6	2	3	4

Sudoku #051 (Hard)

5	1	7	9	2	8	3	6	4
3	8	9	7	4	6	5	1	2
4	2	6	1	3	5	9	8	7
6	5	8	3	9	7	4	2	1
1	3	4	6	8	2	7	9	5
7	9	2	5	1	4	8	3	6
9	6	1	4	7	3	2	5	8
8	7	3	2	5	1	6	4	9
2	4	5	8	6	9	1	7	3

Sudoku #052 (Hard)

9	8	5	1	6	4	2	3	7
6	2	1	5	7	3	4	8	9
3	7	4	2	8	9	5	1	6
1	9	6	4	5	8	7	2	3
2	3	8	9	1	7	6	4	5
4	5	7	6	3	2	8	9	1
8	4	3	7	9	5	1	6	2
5	6	9	8	2	1	3	7	4
7	1	2	3	4	6	9	5	8

Sudoku #053 (Hard)

9	1	8	2	5	4	6	3	7
6	4	5	9	7	3	1	2	8
3	2	7	6	1	8	4	9	5
2	7	1	3	4	5	8	6	9
8	9	4	1	2	6	5	7	3
5	6	3	8	9	7	2	4	1
7	3	6	4	8	1	9	5	2
1	5	9	7	6	2	3	8	4
4	8	2	5	3	9	7	1	6

Sudoku #054 (Hard)

1	7	4	5	2	3	6	8	9
8	5	6	4	7	9	2	3	1
2	9	3	6	8	1	5	4	7
4	2	9	1	3	8	7	6	5
6	8	5	2	4	7	1	9	3
3	1	7	9	6	5	8	2	4
7	6	8	3	1	4	9	5	2
5	4	2	7	9	6	3	1	8
9	3	1	8	5	2	4	7	6

Sudoku #055 (Hard)

4	8	5	1	7	6	2	3	9
3	2	7	9	5	8	4	6	1
9	1	6	4	3	2	5	8	7
5	3	2	6	1	7	8	9	4
6	9	1	8	4	5	3	7	2
8	7	4	3	2	9	1	5	6
7	4	8	5	9	1	6	2	3
1	5	9	2	6	3	7	4	8
2	6	3	7	8	4	9	1	5

Sudoku #056 (Hard)

5	4	1	3	7	6	2	8	9
7	3	8	9	4	2	1	6	5
2	6	9	1	8	5	4	7	3
4	9	2	5	1	7	6	3	8
1	5	6	8	3	9	7	2	4
3	8	7	2	6	4	9	5	1
6	7	3	4	5	1	8	9	2
8	2	4	6	9	3	5	1	7
9	1	5	7	2	8	3	4	6

Sudoku #057 (Hard)

1	4	7	9	6	8	3	2	5
5	9	3	1	2	4	7	8	6
8	6	2	5	7	3	9	1	4
9	2	4	7	1	5	6	3	8
7	3	1	6	8	2	5	4	9
6	5	8	3	4	9	2	7	1
4	1	5	2	3	6	8	9	7
2	7	6	8	9	1	4	5	3
3	8	9	4	5	7	1	6	2

Sudoku #058 (Hard)

4	7	1	8	2	6	9	3	5
6	9	2	3	1	5	4	8	7
3	8	5	7	4	9	1	6	2
8	5	6	2	9	7	3	4	1
2	1	9	4	3	8	5	7	6
7	3	4	6	5	1	8	2	9
5	4	8	1	7	2	6	9	3
1	6	7	9	8	3	2	5	4
9	2	3	5	6	4	7	1	8

Sudoku #059 (Hard)

1	3	7	6	2	9	4	5	8
9	2	8	4	5	3	1	7	6
6	5	4	1	8	7	3	9	2
3	7	9	8	1	5	6	2	4
2	8	6	7	3	4	9	1	5
5	4	1	2	9	6	7	8	3
8	6	2	9	4	1	5	3	7
4	1	5	3	7	8	2	6	9
7	9	3	5	6	2	8	4	1

Sudoku #060 (Hard)

1	7	6	2	4	9	5	8	3
2	8	3	7	6	5	4	1	9
5	9	4	1	3	8	6	7	2
7	5	9	4	8	6	3	2	1
4	6	2	3	7	1	9	5	8
8	3	1	9	5	2	7	6	4
6	1	5	8	9	3	2	4	7
3	4	8	6	2	7	1	9	5
9	2	7	5	1	4	8	3	6

www.ingramcontent.com/pod-product-compliance
Lightning Source LLC
Chambersburg PA
CBHW070050210526
45170CB00012B/633